SDGsで読み解く淀川流域

近畿の水源から
地球の
未来を考えよう

後藤和子・鳥谷部壌 編

昭和堂

　皆さんは、淀川水系をご存知でしょうか。淀川水系は、滋賀県の森林を源流域とし、琵琶湖を経て、瀬田川、宇治川と名前を変え、京都盆地の西の端で木津川、桂川と合流し淀川となって大阪湾へと流れ込みます。淀川水系の水は、弥生時代から農業に使われ、京都と大阪を結ぶ舟運の発展は、流域に経済と文化の繁栄をもたらしました。他方で、淀川では洪水がたびたび発生し、治水対策が大きな課題となってきました。豊臣秀吉は舟運と治水に力を注ぎ、商都大坂の基礎を築いたといわれています。

　水系に雨水が集まる範囲は流域と定義されます。流域は水循環の基本単位とされることもあります。淀川水系に雨水が集まり、水循環が行われているのが淀川流域です。

　今回の書籍は、淀川流域の経済、文化、社会、環境の持続性について、共同研究を続けてきた同じ大学の文系・理系の研究者たちが、その知見をもとにSDGs（持続可能な開発目標）について考えてみようという企画から生まれました。今、SDGs に関する取り組みが、世界中で行われています。SDGs は、2015 年 9 月に国連で採択されました。2030 年までに地球 1.69 個分の資源を消費し、しかも、その資源の使い方が不公平な社会のあり方を変革することを目指しています。貧困と環境問題の解決が、その核心です。

　世界のビジネス、政府、市民社会のリーダーがスイスのダボスに集まり、地球規模の課題を議論する「ダボス会議」が毎年開催されています。2020 年には、国際援助団体オックスファムが、世界で最も裕福な 1 ％が所有する資産は、下から数えて 69 億人までの人が所有する資産の 2 倍以上に及ぶという衝撃的な数字を発表しました。格差拡大の主な原因は、国境を越えて活動する企業や個人による租税回避ですが、ジェンダー（男女）の不平等も格差を拡大させています。日本は、相対的貧困率も高く、ジェンダーギャップ指数の順位（2019 年）も世界153 か国中 121 位と不平等が大きい国ですから、貧困や格差は他人事ではありません。

図　SDGsの17の目標

出所：国際連合広報センターウェブサイト https://www.unic.or.jp/ より転載。

　環境問題については、最近の集中豪雨やそれによる災害を身近に感じている人が多いのではないでしょうか。新型コロナウイルスのパンデミックについても、生物多様性や生態系のバランスが崩れたことと関係があるという見方もあります。ダボス会議でも、持続可能性は喫緊の課題となっています。多くの企業がSDGsに敏感に反応し、2019年の調査では、80%以上の企業が取り組みを始めています（蟹江憲史『SDGs（持続可能な開発目標）』中公新書、2020年）。ESG（環境・社会・ガバナンス）投資の流れも、年々加速しています。

　では、市民や大学、地方自治体、いいかえれば地域は何をすればいいでしょうか。本書は、そうした疑問に答えるため、淀川流域を事例として、貧困・格差問題（社会・経済問題）と環境問題を同時に考えていきます。淀川では、治水対策をいかに解決するかが大きな課題となってきたことは、上に述べたとおりです。治水対策では、豪雨時に堰を閉じて下流域を守るか、開放して上流域を守るかという上流・下流の利害対立（社会問題）も発生します。また、貯水池の切り離しや、川の付け替え、ダムや堰、護岸工事などが、魚や植物の生態系や生息を脅かすこともあります（環境問題）。都市農業という経済活動のための水路が、保水や治水に役立ってきたことは、案外知られていません。

　治水問題は、現在の淀川流域に引き継がれ、気候変動や少子高齢化・人口減少、

右岸左岸問題（地域内格差）といった新たな課題も加わっています。こうした複雑な地域課題をいかに、どのような政策で解決するかを探るには、自然科学・社会科学・人文科学の協力が欠かせません。

　水辺や川には、飲料水や工業用水・農業用水の供給、動力の供給、舟運、景観、文化や経済の集積など、多面的な機能があります。淀川の中流域は、かつて風光明媚な一大観光地であり、古くから奈良に通じる交通路があった交野をはじめ各所に知られざる文化遺産があります。淀川左岸の石清水八幡宮と右岸の大山崎に挟まれた三川合流地点は、京都から大坂を経て瀬戸内海へと通じる交通の要所でした。しかし、高度経済成長時代には、工業用水の汲み上げによる地盤沈下や排水の流入によって、川は汚れふたをされて暗渠（地下の水路）となるものもあり、人々は水辺から遠ざかりました。しかし、20世紀の終わりごろから、再び、水辺の価値を見直し、環境を改善して、文化と経済が集積する魅力的な場へと転換する動きが始まりました。

　これまでも、琵琶湖の環境問題や、淀川の歴史、水都大阪に関する本などは、多く刊行されてきました。しかし、本書のように、淀川流域全体を俯瞰し、経済、文化、社会、環境を横断的に扱った類書は見当たりません。本書は、また、各章をSDGsの17の目標に対応させることにより、淀川流域というローカルな問題を、グローバルな視点からとらえるように試みました。

　本書は、大学生や高校生向けのテキストとして編集されましたが、一般の方々にもご一読いただければ嬉しく思います。生態系や環境問題に関心があり、環境を守る活動をしているという方々には、日ごろ触れることのない「文化と経済」を、観光による経済の活性化を考えておられる方々には「自然や歴史・文化資源の生かし方」を、読みとっていただければ幸いです。

2021年5月

後藤 和子

鳥谷部 壌

```
┌─────────────────────────────────────────────┐
│  SDGs で読み解く淀川流域──近畿の水源から地球の未来を考えよう  │
│                    もくじ                     │
└─────────────────────────────────────────────┘
```

第 II 部　淀川流域の文化・歴史と SDGs

『生態系サービスから見た淀川水系資源MAP』について

　本書は淀川流域における多様な特性をSDGsの視点から俯瞰するとともに、淀川水系をとりまく生物多様性が地域社会にもたらす様々な恵みを考察するものです。本書を貫くもう1つの柱であるこの「生態系サービス」の視点から、各章で抽出された特徴的なキーワードを通して、持続可能な地域の発展と生物多様性との接点を把握する道しるべとなるのが『生態系サービスから見た淀川水系資源MAP』です。

地図作成：加嶋章博・小林健治

序　章

淀川流域のいま・過去・未来と SDGs

Key Word

淀川水系、SDGs、生態系サービス（環境と経済を統合する考え方）、地域づくり

1 SDGs って何？

SDGs はいつできた？

　SDGs（持続可能な開発目標）は、2015 年の国連総会で全加盟国が合意し、2030 年までに、世界から貧困をなくし、持続可能な社会・経済・環境を実現すること を目指しています。

　そのために、SDGs は、17 の目標、169 のターゲット、232 の評価指標を掲げ ています。こんなに多くては覚えられない、総花的できれいごと、という印象を 持つ人も多いかもしれません。しかし、SDGs が、先進国と途上国の対立を超え、 合意にいたるためには、この数が必要だったようです（南博・稲場雅紀『SDGs ——危機の時代の羅針盤』岩波新書、2020 年）。

　日本でも、2016 年 5 月に総理大臣を本部長、官房長官、外務大臣を副本部長 とし、全閣僚を構成員とする「SDGs 推進本部」を設置し、国内実施と国際協力 の両面で率先して取り組む体制を整えました。

　さらに、この本部の下で、行政、民間セクター、NGO・NPO、有識者、国際 機関、各種団体等を含む幅広いステークホルダーによって構成される「SDGs 推 進円卓会議」における対話を経て、同年 12 月、日本の取り組みの指針となる「SDGs 実施指針」を決定しました（外務省ウェブサイト）。

　実施指針には、具体的にどんな目標が掲げられているのでしょうか。2019 年 12 月に更新された最新の実施指針では、SDGs の 17 の目標を 5 つの P に分類し、 8 つの優先課題を挙げています。

図1　SDGs のもうひとつの捉え方──5つのP
出所：国連広報局『SDGs を広めたい・教えたい方のための「虎の巻」』2016 年より。

表1　SDGs の5つのP と優先課題

5つのP	優先課題
People 人間	1. あらゆる人々が活躍する社会の実現・ジェンダー平等の実現
	2. 健康・長寿の達成
Prosperity 繁栄	3. 成長市場の創出、地域活性化、科学技術イノベーション
	4. 持続可能で強靱な国土と質の高いインフラの整備
Planet 地球	5. 省・再生可能エネルギー、防災・気候変動対策、循環型社会
	6. 生物多様性、森林、海洋等の環境の保全
Peace 平和	7. 平和と安全・安心社会の実現
Partnership パートナーシップ	8. SDGs 実施推進の体制と手段

出所：「SDGs 実施指針」より筆者作成。

SDGs は、細かい取り決めより目標が大事なの？

　SDGs は、環境に関する持続可能性と、貧困の撲滅という2つの国際的な流れが合流してできました。後者は、「誰一人取り残されない」と表現されています。世界を、「地球1個分の経済社会」（南・稲場、前掲書）、つまり将来世代のニーズを満たす能力を損なうことなく、現在のニーズを満たすような開発の軌道へと戻

すこと、そして貧困と格差をなくすことが目標です。

　環境問題の流れは、1972年の国連人間環境会議にまで遡ることができます。貧困と格差の方は、2000年に国連総会で承認されたミレニアム宣言に基づくMDGs（ミレニアム開発目標）にその起源を持っています。環境問題と経済・社会問題の両方を、同時に視野に入れたことがSDGsの画期的なところで、その総合性が、SDGsの特徴ともなっています。

　MDGsは、貧困撲滅に関する8つの目標、21のターゲット、その進捗度を測る60の指標で構成されています。SDGsの目標、ターゲット、指標という3層構造は、MDGsを引き継いでいます。

　通常、国際的な取り決めには、実施ルールがあります。言い換えれば、どのように目標を達成するのか、達成までの道のりが示されているともいえます。しかし、SDGsにはルールがなく、目標とターゲットがあるだけです。SDGsでは、各主体が、自由に目標達成に向けた方策を考え、それぞれに合ったやり方で対応を進めることができます。山登りに例えれば、どのルートで登ってもよい、2030年までに頂上に到達すればよいのです。そのため、各主体が未来の目標を描き、その実現を前提として、現在に遡ってシナリオを描くバックキャスティング思考が求められます（図2）。

　それでは、1つ質問です。2030年までに17の目標を達成する主体は誰でしょうか。国連でしょうか。日本政府でしょうか。あるいは、都道府県や市町村などの地方自治体でしょうか。答えは、全ての人が、個人として、企業人として、「自分のこと」として、SDGsを捉え、17の目標に到達する方法を考え実践する、つまり一人ひとりが目標を達成する主体です。行動を起こす単位も、個人、学校、企業、NPO/NGO、地方自治体や国など多様です。

SDGsで、環境、社会、経済の持続可能性をどうやって実現するの？

　経済発展と環境の持続性は両立しない、というのが過去の経験です。例えば日本では、経済が大きく発展した高度経済成長期に、公害問題が発生しました。近年では、経済活動によって発生する二酸化炭素の増加により地球は温暖化し、気候変動に見舞われているといわれています。果たして、SDGsが目指しているよ

3

図2　17の目標にいたる道―バックキャスティング思考で到達
どの道を通ってもいいよ、どの入口（目標）から入ってもいいよ
出所：筆者作成。

うに経済発展と環境の持続性は実現できるのでしょうか？不可能ではないが難しいのでしょうか？どうすれば、経済発展と環境の持続性は両立するのでしょうか？

　じつは、この2つを両立させるために、さまざまな研究が行われてきました。その1つに、生態系サービスという考え方があります。生態系サービスとは、生物多様性や生態系が与えてくれるサービスの価値を、経済的に評価して見えるようにするという考え方です。生態系サービスの価値を金銭評価する（例えば、琵琶湖上流の森林を守ると、その保水能力の価値は、建設費○○億円のダムより大きい等）ことで、政策の意思決定や人々の行動に影響を与えようとします。

　生物多様性や生態系が人間に与える恵み、つまり、生態系サービスには、供給サービス（食べ物、水、木材等を供給）、調整サービス（大気や水をきれいにし、気候を調整し自然災害を防ぐ）、文化的サービス（美的楽しみやレクリエーションの機会を提供）、基盤サービス（光合成、土壌形成、水循環等）があります（『生態系サービスから見た淀川水系資源MAP』参照）。こうした恵みを経済的価値として見えるようにすれば、生態系を破壊する活動を予防し、反対に、それを維持する活動への意思決定が促進されます。

　他には、エコロジカル・フットプリントという考え方があります。エコロジカル・フットプリントは、私たちが消費する資源を生産したり、社会経済活動から発生する CO_2 を吸収したりするのに必要な生態系サービスの需要量を地球の面積で表した指標です。世界のエコロジカル・フットプリントは年々増加し、1970年代前半に地球が生産・吸収できる生態系サービスの供給量を超え、2016 年時点の需要量は地球 1.69 個分の供給量に相当します（平成 30 年『環境白書』）。日本のエコロジカル・フットプリントは世界で 38 番目の大きさです。

　持続可能な発展を達成するためには、私たちが商品や資源を生産、消費する方法を変えることで、エコロジカル・フットプリントを早急に削減しなければなりません。資源を効率的に使い、大量廃棄を生み出すような消費の仕方を変える必要があります。SDGs の目標 12「つくる責任つかう責任」では、ターゲットの 1つに、2030 年までに 1 人当たりの食品廃棄を半分にすることを挙げています。日本でも、食品ロスをなくす取り組みが始まっています。

　社会の持続性はどうでしょうか。世界中で、貧困や格差が問題となっていますが、日本も無関係ではありません。日本の 1 人当たり GNI（国民総所得）は世界で 23 位ですが、相対的貧困率（等価可処分所得の中央値の半分未満の人が総人口に占める割合）は 15.7％（2015 年）です。子どもの貧困率（2015 年）は、13.9％、つまり、7 人に 1 人の子どもが相対的貧困状態にあります。SDGs では、目標 1 に「貧困をなくそう」、目標 2 に「飢餓をなくそう」が、挙げられています。

　環境の持続性と、社会の持続性は、一見すると無関係のようにも見えますが、気候変動や自然災害の影響を大きく受けるのは、社会的弱者や貧困状態にある人たちです。また、大量生産、大量消費、大量廃棄される製品が、途上国の劣悪な児童労働や女性労働によって支えられているという現実もあります。つまり、社会の問題と経済の問題、その結果としての環境問題はつながっているわけで、それを解決するには、社会・経済・環境問題を一体的に解決することが求められます。

2 なぜ淀川流域を取り上げるのか
──淀川流域にみる環境、社会、文化と経済

淀川水系ってどこからどこまで？

　淀川の源流は琵琶湖であると捉える考えもありますが、本書では、より広く、琵琶湖の源流域（森林）から大阪湾までを指します。淀川は、滋賀県山間部の大小河川に源を発し、琵琶湖に流入した後、琵琶湖南端部から流出して宇治川となり、京都府八幡市付近で桂川と木津川を合わせて大阪平野を南西に流れ、途中神崎川及び大川（旧淀川）を分派して大阪湾に注ぐ幹線流路延長 75km、流域面積 8,240km² の一級河川です。その流域は、三重、滋賀、京都、大阪、兵庫、奈良の 2 府 4 県にまたがり、関西で最も大きい流域となっています（全国 7 位）。流域内人口約 1,200 万人、給水人口は約 1,700 万人です。

　淀川は、古来より近畿圏の社会、経済、文化の発展を支え、近畿圏発展の基盤となってきました（長浜市郷土学習資料「わたしたちの長浜」より抜粋）。

環境、社会、経済の持続性を実現するまちづくり

　本書は、淀川流域を素材として、そこで、どんな環境問題がおこっているのか、社会や経済の問題は何かを見渡し、どうしたら経済、社会、環境の持続可能性を達成できるかを考える材料を提供します。また、本書の特徴は、経済、社会、環境に加えて、文化の視点を導入していることです。いうまでもありませんが、淀川は大坂（現在は大阪）と京都を水運で結び、歴史的にも重要な交通路であったため、その近辺には多くの文化遺産があります。そうした文化遺産を生かしながら、経済、社会、環境問題を統一的に解決するヒントになれば嬉しく思います。

　じつは、SDGs には、文化の多様性や文化振興に触れるターゲットはあるものの、目標自体には文化はありません。しかし、経済・社会・環境の持続可能性を考えるうえで、文化は欠かせない要素です。

　例えば、目標 11 は、持続可能なまちづくりです。各地域には、それぞれ固有の歴史や文化があります。そうした文化の違いを前提としながら、SDGs という人類共通の目標を目指すことは、多様性の中で、自由に（さまざまな道筋を通って）、

しかし共通の目標を達成するというSDGsにふさわしい取り組みといえます（蟹江憲史『SDGs（持続可能な開発目標）』中公新書、2020年）。

　以上のことから、なぜ、淀川流域を取り上げるのか、その理由は、地域の歴史や文化を踏まえて、各地の実情に合わせた目標達成への道を考える素材の1つになるからと答えることができます。一般的に、世界の主要な都市は、臨海部や河川流域にできています。東京、京都、大阪、ヴェネツィア、アムステルダム、ロンドン、ベルリン、バンコク、ソウル、ボストン、サンフランシスコ等、たくさんの事例があります。河川は、飲み水を得る場であり、生産の場（漁業、農業用水、水力発電等）として、また、交易の場（舟運）としても都市形成に重要な役割を果たしました。

　淀川にも川漁師がいて、また、農業用水を分け合う水利組織もありました。人々は、環境を守りながら生産を行い、限られた資源をどう分け合うかという慣行（暗黙の取り決め）を作りました。そのため、水や水系を事例にすると、環境・社会・経済のバランスや持続性をどう保ってきたのか、いつバランスが崩れたのか、歴史的な視点からみることができます。

　アジアは、人間と自然が共生する社会と文化であったのに対して、いち早く近代化した西欧は、人間の技術力で自然を制御したという指摘もあります（陣内秀信・高村雅彦『水都学Ⅳ』法政大学出版局、2015年）こうした歴史や文化の違いを踏まえて、目標に到達する方法を考えなければなりません。

　次項では、淀川流域で、どのような文化と経済が育まれたのかをみてみたいと思います。

なぜ淀川水系なのか？──淀川舟游と世界初の先物取引の誕生

　前項でも述べたように、淀川水系は、近畿圏の都市形成や発展の基盤となりました。大都市大阪の歴史も、淀川の氾濫をいかに制御するか、水運をいかに使うかによって形作られてきました。京都の繁栄も、北は日本海から琵琶湖を経由して運ばれる物資や、南は淀川を経て大坂と結ばれる水運によって支えられました。

　2015年に、摂南大学と大阪市立住まいのミュージアムが協力して『淀川舟游』が刊行されました。大阪市立住まいのミュージアム「大阪くらしの今昔館」では、

「文化を運ぶみち」としての淀川に焦点を当てた特別展が開催され、伏見から石清水八幡宮、枚方を経て天満橋へと続く景観を描いた伊藤若冲、円山応挙や与謝蕪村らの作品約 80 点が展示されました。

　淀川の舟運は、大坂と京都を結ぶ重要な交通路であり、その流域の経済と文化を育んできました。関東でも、江戸時代は舟運が盛んでしたが、淀川の方が、明治以降、鉄道が発達した後も、長く舟運が使われたことが分かっています（飯塚隆藤「明治期における河川舟運の地域的変化——淀川流域・木曽三川流域・利根川流域を中心に」『地域政策学ジャーナル』第 6 巻第 2 号、2017 年）。

　淀川の下流域にある中之島には、江戸時代、多くの藩の蔵屋敷が並び、米の取引が行われました。世界初の先物取引は、大坂米市場で生まれ、1730 年には、堂島米会所の現物取引と先物取引の両方が、幕府によって認可されました。同時代、京都に近く、淀川水運を通じて大坂に通じる大津（滋賀県）にも米市場がありました（高槻泰郎『近世米市場の形成と展開』名古屋大学出版会、2012 年）。南北に長い琵琶湖は、日本海側からの物資を京都や大坂に運ぶ要でした。

　交易が盛んで経済が発展する場所には、多くの人が集まり文化が生まれます。先ほど紹介した『淀川舟游』もその 1 つですが、2008 年にユネスコ無形文化遺産に登録された人形浄瑠璃文楽の「文楽」という名称も、淡路国出身の植村文楽軒が大坂道頓堀で開いた人形浄瑠璃の稽古場が、そのルーツです。

　大坂から淀川舟運で京都に向かうと、枚方があります。くらわんか舟は、江戸時代、淀川を往来する大型船に近寄り、乗船客に飲食物を売っていた枚方地方の小舟のことで、そこで使われたのが、高台（底）が広い「くらわんか椀」です。高台が高く広いと、揺れる船の中でも安定します。くらわんか椀の多くは、長崎県の波佐見町で作られました。淀川の水運が、大坂から瀬戸内海を経て、九州ともつながっていたことは驚きです。

　大大阪時代（大正末期から昭和初期）、大阪市は人口・面積・工業出荷額において日本第 1 位であり、東京市を凌ぐ世界有数の大都市でした。その時代に建設された近代建築群は、パリのセーヌ川にも匹敵するような中之島（淀川水系）の景観を作っています。

　以上のように、各地の持続可能なまちづくりにおいては、文化と経済の蓄積を

生かしながら、SDGs 目標への到達方法を考える必要があります。

3 本書の構成

　本書は、3 部構成になっています。各章は、SDGs の 17 の目標に対応していま
す。SDGs の特徴として、目標を達成する道のりは、各自で考えるというもの
がありましたが、もう 1 つの特徴は、17 の目標のどれを入口として入っても、
中で他の目標とつながっていることです（蟹江 2020）。そのため、最初から 17 の
目標を全て目指さなくとも、どれか 1 つを入り口として、取り組みを進めること
ができます。

　第Ⅰ部は、「淀川流域の自然環境と SDGs」です。淀川はしばしば洪水をおこし、
それをどう制御するかが大きな問題でした。明治 18 年（1885 年）の淀川の氾濫
では、大阪府下の 20％の家屋が浸水しました。洪水をきっかけに、明治 29 年（1896
年）に河川法が制定され、淀川の洪水対策が本格化し、淀川の北側に大量の水を
流せる「新淀川」が作られました。

　しかし、治水工事により破壊される自然環境もあります。流域治水と環境の関
係はどうなっているのでしょうか？第Ⅰ部は、淀川の源流域である朽木の森林か
ら大阪湾までを、自然環境を守るという視点からみていきます。

　第Ⅱ部は、「淀川流域の文化・歴史と SDGs」です。現在、大阪と京都を結ぶ
舟運の復活や、周遊型観光が今後の政策課題として掲げられています。第Ⅱ部で
は、観光やまちづくりの持続性、つまり、文化と自然環境を基盤として、それら
を維持・発展させながら観光という経済活動を行う可能性を探ります。淀川中流
域は、大阪郊外の住宅地、あるいは松下電器産業（パナソニック）株式会社に連
なる製造業のイメージが強く、観光とは無縁な場所でした。しかし、歴史は古く、
江戸時代までは一大観光地でしたから、そこにある文化資源の魅力を掘り起こす
ことは、まちづくりや観光の持続性にとって重要です。第Ⅱ部では、まちづくり
の一環として、自然環境と結びついた歴史的遺産の側面を持つ都市農業について
も、取り上げます。

　第Ⅲ部は、「淀川流域の社会・経済と SDGs」です。淀川流域には、上流から

向かって左側の左岸地域と、右側の右岸地域があります。左岸地域と右岸地域は、近接していますが、経済面で格差があります。第Ⅲ部では、左岸と右岸の対比、人口移動、産業連関分析でみる左岸地域の経済、地域の魅力発信と住民の役割、消費活動の結果生まれるプラスチックごみ問題など、経済と社会に関わるテーマを取り上げます。（後藤和子）

参考文献

南博・稲場雅紀『SDGs——危機の時代の羅針盤』岩波新書、2020年

蟹江憲史『SDGs（持続可能な開発目標）』中公新書、2020年

グレッチェン・C・デイリー／キャサリン・エリソン著、藤岡伸子・谷口義則・宗宮弘明訳『生態系サービスという挑戦——市場を使って自然を守る』名古屋大学出版会、2010年

第 I 部

淀川流域の自然環境と SDGs

第 1 章

将来の淀川流域の洪水対策として
できることは何か？

巨椋池遊水地化構想による治水・減災と環境保全

Key Word

気候変動、防災学習、環境学習、生物多様性、流域治水、洪水、水防災、遊水地、生物多様性、グリーンインフラ

SDGs の目標　　目標 13（気候変動に具体的な対策を）
目標 6（安全な水とトイレを世界中に）

STEP1　どんな課題があるの？

明治期以降の治水を優先した近代的な河川管理を進めた結果、現在の河川は生物にとって必ずしもよい環境であるとはいえず、生物多様性の劣化がいわれています。また、気候変動（地球温暖化）が進むなかで、将来の水災害リスクが高まっており、人の生命の危機や生活の質の低下が懸念されます。

STEP2　SDGs の視点

目標 13（気候変動に具体的な対策を）：気候変動とその影響に立ち向かうため、緊急対策を実施する。
〈ターゲット 13.1〉すべての国々で、気候関連の災害や自然災害に対するレジリエンスと適応力を強化する。

目標 6（安全な水とトイレを世界中に）：すべての人々が水と衛生施設を利用できるようにし、持続可能な水・衛生管理を確実にする。
〈ターゲット 6.6〉2020 年までに、山地、森林、湿地、河川、帯水層、湖沼を含めて、水系生態系の保護・回復を行う。

STEP3　めざす社会の姿

気候変動により激甚化のおそれがある淀川流域の洪水災害の防災・減災対策として、遊水地化構想について提案します。遊水地とは治水と環境保全を両立できるグリーンインフラとして知られており、人々の生命や資産を守ることに加え、水系生態系の保護や回復にもつながります。

1 淀川流域ではこれまで どんな治水対策が行われてきたのか？

淀川流域の概要

　淀川流域は、琵琶湖上流域から大阪湾までをつなぐ近畿地方で最も大きな流域で、多くの人が住んでいます。下流部の大阪平野には人口と資産が集中し、これらを洪水災害から守る「治水対策」は古代から現在に至るまで、重要な社会課題となっています。

　世界でも有数の古代湖である琵琶湖を擁する淀川流域では、古来より固有種を含め多様な生物が生息しています。琵琶湖や各河川で捕れる魚介類は流域の食文化を支えてきました。また、水辺に生育するイネ科のヨシは、魚や鳥類の棲みかとなる他、葦簀（よしず）やかやぶき屋根の素材となるなど、古代より人々に利用されており、現在でも琵琶湖沿岸域や淀川鵜殿（うどの）地区での保全活動が行われています。一方で、豊かな自然を誇る淀川流域も、近年は河川改修や外来生物の影響で生物多様性の劣化が問題となっています。

　SDGsの目標13（気候変動に具体的な対策を）には、あらゆる気候変動対策が含まれます。本章では、特に気候変動に対するレジリエンス（回復力、復元力）や適応策としての淀川流域の治水手法について考えます。また、目標6（安全な水とトイレを世界中に）では、気候変動に起因する水不足や水災害、生態系への悪影響などの課題への対処がターゲットに含まれます。本章では、特に水に関する生態系の保全や回復と両立できる治水手法について考えます。

写真1　茨田堤の石碑
出所：筆者撮影。

淀川の治水工事の歴史

　ここでは主に、流域の下流部である淀川本川を中心に述べます。

　現在の大阪平野は、約 7,000 ～ 6,000 年前は河内湾という海の底にありました。その後年月をかけて、北東から流れ込む淀川、南東から流れ込む大和川から運ばれた土砂の堆積によって湾が縮小して海と切り離され、約 2,000 年前ごろに河内湖になりました。4 世紀末に仁徳天皇が奈良から都を上町台地の難波高津宮に移しましたが、東隣にある河内湖は淀川の分流や南から流れる平野川によってたびたび洪水が起こりました。

　日本書紀によると、仁徳天皇が仁徳 11 年（5 世紀前半）に、河内湖の水を大阪湾に流すための水路として難波宮の北側に「堀江」を開削し、淀川の流路を安定させるために淀川左岸に「茨田堤」を築いたとされます。これらが日本で最古の大規模土木工事とされています。寝屋川市内の淀川左岸の堤防沿いには、昭和 49 年（1974 年）に「淀川百年記念」事業に関連して碑が建てられ、そこには「茨田堤」と彫られています（写真 1）。

　その後も河内湖は土砂堆積が進み、河内平野と呼ばれる低湿地帯が形成されました。淀川は平安時代には瀬戸内海や西国と京の都を結ぶ交通の大動脈となり、大阪は水の都として繁栄しました。その一方で、たびたび洪水が起こり、人々は大きな被害に見舞われました。

　その後の淀川での大規模な治水工事は、豊臣秀吉の時代まで下ります。豊臣秀吉は、天下統一後の文禄 3 年（1594 年）に伏見城を築城した後、宇治川を巨椋池から切り離すなど宇治川の川筋の付け替え工事を行い総延長約 12km の「太閤堤」を築きました。これは、宇治川の流れを伏見港へ導き、伏見港の繁栄を図るとともに、巨椋池の洪水を防ぐことを目的としていました。太閤堤は、奈良への街道の役目も果たしました。文禄 5 年（1596 年）には、淀川左岸に京都と大坂を最短で結ぶ陸路を整備しました。これが京街道と呼ばれる堤防道で、この堤防を「文禄堤」といいます。文禄堤によって河内平野は氾濫から守られるようになりました。文禄堤の長さは約 27km といわれていますが、淀川の改修等でその多くは姿を消しており、現在は守口市内に一部が残っており史跡となっています。

　江戸期に入ると、貞享元年（1684 年）から 4 年（1687 年）にかけて、河村瑞賢により淀川河口の氾濫を防ぐために、新川が開削されました。これは現在は安治川として知られています。安治川に続き、宝永元年（1704 年）に、中甚兵衛らの

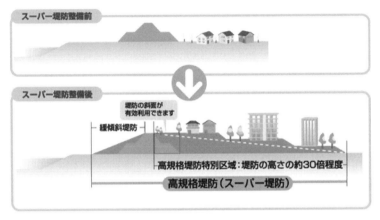

図1　スーパー堤防
出所：淀川河川事務所ウェブサイトより転載。

はたらきかけによって幕府が大和川の付け替え工事を行いました。これにより、淀川と大和川が切り離され、新大和川は西へ流路を変えました。これらの治水工事により、河内平野の洪水が減少しました。

　明治期の近代化の中で、明治29年（1896年）から43年（1910年）にかけて、沖野忠雄やオランダ人技師デ・レーケらによって、上流の琵琶湖から下流の淀川まで流域全体を見据えた大規模な河川改修が行われました。これは「淀川改良工事」として知られています。淀川では、旧淀川（現在の大川）から流れを現在の新淀川に付け替えました。その後も、昭和期にかけて、大規模洪水が起こるたびに、堤防の増築・強化、河道改修、上流域でのダムの建設などを進めてきました。

　平成に入ってから、淀川本川ではスーパー堤防の整備が始まりました。スーパー堤防とは、通常の堤防に比べて堤防幅が広く、越水しても壊れにくい堤防のことです。一般的な堤防上には構造物を建設できませんが、スーパー堤防の上には建設が可能であり、市街地と一体化した整備が期待されます（図1）。スーパー堤防の建設には、莫大な費用と時間がかかりますが、人口や資産が集中する淀川では、全区間にスーパー堤防を建設する計画となっています。

2 全国で洪水災害が激甚化している！

　近年、気候変動が原因といわれる台風等による水害が、世界各地で起こっています。日本では、2015 年の「平成 27 年 9 月関東・東北豪雨」、2016 年 8 月の北海道・東北地方を襲った一連の台風、2017 年の「平成 29 年 7 月九州北部豪雨」、2018 年の「平成 30 年 7 月豪雨」（西日本豪雨として知られる）など、毎年、既存の河川堤防やダム等の治水施設だけでは制御できない、想定を超える甚大な洪水災害が起こっています。

　IPCC（国連気候変動に関する政府間パネル）の第 5 次評価報告書では、過去 100 年程度の間に観測された気候変動について、「気候システムの温暖化には疑う余地はない」とされています。日本の平均気温は、気象庁の観測によると、1898 年から 2018 年で 100 年あたり 1.21℃の割合で上昇しています。約 30 年前と比較すると、近年は 1 時間降水量 50mm 以上の短時間強雨の発生回数が約 1.4 倍に、1 時間降水量 100mm 以上の短時間強雨の発生回数が約 1.7 倍に増加しています。また、全国の雨量観測所において、2013 年以降、約 3 割の地点で 1 時間当たりの降水量が観測史上 1 位を更新していることがわかっています。気候変動により気温が 2℃上昇すると、降雨量は 1.1 倍、流量は約 1.2 倍、洪水発生頻度は約 2 倍増大すると予想されています。国土交通省は 2019 年 10 月に、治水計画の降雨や流量の設定に気候変動による将来予測の結果を活用することを提言しました。

　2019 年 10 月に発生した「令和元年東日本台風」（台風 19 号）は、東日本の広い範囲に大雨や暴風をもたらしました。気象庁は最大級の警戒を呼び掛ける大雨特別警報を 13 都県に発令しました。この記録的豪雨は各地で河川の氾濫や土砂災害を引き起こしました。国土交通省によると、東日本を中心に 71 河川 140 か所で堤防決壊が発生しました。このとき、国管理河川だけでも 25,000ha が浸水しました。このとき、千曲川沿いの新幹線の車両基地が浸水し、その後浸水した全車両が廃車となりました。農林水産関係の被害は 3,400 億円を超えるなど、被害の範囲は多方面にわたりました。

　台風 19 号を受けて、2020 年 1 月に社団法人土木学会では、今後の防災・減災

図2　流域治水のイメージ
出所：国土交通省ウェブサイトより転載。

に関する提言として、河川、水防、地域・都市が一体となった流域治水への転換を発表しました。さらに、同年7月に国土交通省は、気候変動に伴い頻発・激甚化する水害・土砂災害等に対し、防災・減災が主流となる社会を目指し、「流域治水」の考え方に基づいて、堤防整備、ダム建設・再生などの対策をより一層加速するとともに、集水域から氾濫域にわたる流域のあらゆる関係者で水災害対策を推進することを発表しました（図2）。この考えに基づき、全国の各一級水系で流域治水プロジェクトとして、ハード・ソフト一体の事前防災対策を加速することとしています。

　2020年には「令和2年7月豪雨」で球磨川が決壊し、またしても大災害が起こりました。河川の中に洪水流量を閉じ込めるには限界があり、流域全体で洪水流量を減らしていく対策が急務となっています。

3 かつて淀川流域にあった巨椋池は どんな池だったのか？

巨椋池周辺の地形の変遷

　巨椋池は、淀川流域の三川合流部にほど近い、宇治川と木津川に挟まれた地域にかつて存在した池です（図3）。干拓前の巨椋池は、周囲約 16km、面積 794ha、最大水深 1.1m だったとされます。中世までの巨椋池は宇治川と網目状に繋がっており、各所で流入出を繰り返す形で洪水調節機能（遊水機能）を担っていました。

　前述のとおり、1594 年、豊臣秀吉が伏見城築城の際に、宇治川の両岸に堤防を築き、巨椋池と宇治川は切り離され、巨椋池は淀付近で三川合流点とつながるのみとなりました。その後も大雨による洪水の被害がたびたび起こり、明治期の淀川改良工事（1896 ～ 1910 年）の中で、巨椋池は完全に河川と切り離され、独立した池となりました。その結果、周辺から流入した家庭排水や農業排水によって巨椋池の水質が悪化し、漁獲量の減少やマラリアの発生の問題が生じました。食糧増産の国策の元、昭和 8 年（1933 年）から 16 年（1941 年）にかけて、国内初の国営干拓事業として、巨椋池は干拓地となり 634ha の水田となりました。現在は水田の他、ニュータウンなども整備されています。

巨椋池の生物と文化の関わり

　かつての巨椋池は生物の宝庫といわれ、コイ、フナ、モロコなどの魚類は 43 種、ヨシ、マコモ、ハス、ヒシなど水生植物は 150 種におよんだとされます。また、渡り鳥を含む多くの野鳥も訪れました。魚類では、今では絶滅危惧種・天然記念物に指定されているイタセンパラやアユモドキも生息していました。また、オグラヌマガイ

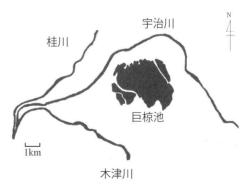

図3　巨椋池
形は干拓直前の昭和初期のもの。
出所：筆者作成。

19

（二枚貝）やオグラコウホネ（水生植物）など、巨椋池由来の名前を持つ生物もいます。

巨椋池での漁業権を与えられていたのは弾正町・三栖村（現在の伏見区）、小倉村（同宇治市）と東一口村（同久御山町）であり、特に東一口は後鳥羽上皇の時代（鎌倉時代初期）に下賜された特権的な漁業権を持っており、大池（巨椋池）の7割を占有する漁業集落でした。今でも東一口集落では、巨椋池の漁業を統括していた旧山田家住宅など、江戸時代のおもかげを残した町並みを見ることができます。

巨椋池で有名な植物といえば、ハス（蓮）です。大正時代から昭和初期の干拓直前まで、巨椋池に舟を浮かべてハスを観賞する蓮見舟が流行しました。和辻哲郎は随筆『巨椋池の蓮』で、早朝に伏見の宿から小舟に乗って淀川に出て、運河を通じて巨椋池へハスを見に行った様子を描いています。現在は、東一口の内田蓮園でかつて巨椋池に咲いていたハスを系統保存しています。

4 淀川流域に再び巨椋池が現れる！？
——巨椋池遊水地化構想

現在の淀川流域での水害リスクはどれくらいあるか？

巨椋池が干拓地となった後、昭和28年（1953年）の台風13号で、増水した桂川と木津川の洪水が宇治川へ逆流し、宇治川の観月橋下流約2kmの向島で左岸が約450mに渡って破堤し、旧巨椋池に水が流れ込んだとされています。この時、2,880haが浸水し、これは約25日間続きました。この水害を受けて建設されたのが宇治川の天ヶ瀬ダム（1964年竣工）です。その他、淀川流域には、木津川上流域に高山ダム、比奈地ダム、青蓮寺ダム、室生ダム、川上ダム（2021年現在建設中）、上野遊水地（2015年運用開始）、桂川に日吉ダムが建設され、瀬田川洗堰も含め、流域全体の治水施設で下流域を洪水から守ってきました。

しかし、淀川流域でも、2013年9月の台風18号時には、運用後初めて大雨特別警報が発表され、この時桂川の数か所で氾濫し、三川合流域や宇治川の水位も溢れる寸前まで上昇しました。また、支川では溢水や内水氾濫がいたるところで起こりました。

　国土交通省の淀川河川事務所は、2017 年に想定最大規模の淀川流域（国土交通省の管理区間のみ）の浸水想定区域図を発表しました。この想定では、1,000 年に一度の確率の洪水としていますが、これは淀川流域で 1 日当たりの降水量が 360 ㎜の時ということです。この時、河川沿いや旧巨椋池の大部分が浸水すると想定されています。今後ますます洪水の規模が大きくなることが予想されているなかで、淀川の治水計画ではスーパー堤防や新規ダムの建設が挙げられています。しかし、これらのハード施設の規模を超える大規模洪水に対して、少しでも洪水災害の規模を減らすには、他の治水手法も組み合わせて考える必要があります。これは、国土交通省の流域治水の考え方でもあります。

グリーンインフラとしての遊水地

　遊水地とは、洪水時に河川から水を引き込んで一時的に貯留し、河川の流量を調節する施設のことです。普段は公園や農地として利用されているところがあります。神奈川県横浜市にある鶴見川多目的遊水地は、スタジアムなどがあり、日常的には公園として利用されていますが、鶴見川が増水すると河川から遊水地に水が流入し、他の場所での氾濫を防ぎます。2019 年のラグビーワールドカップの時には、試合前日に東日本台風（台風 19 号）によって鶴見川が増水し、この遊水地で水を貯留しました。その後 1 日で水を排水し、予定通り試合が開催されたことは話題になりました。遊水地には、普段から湿地や草原となっているところもあります。渡良瀬遊水地は、栃木・群馬・埼玉・茨城の 4 県にまたがる面積 33km²、総貯水容量 2 億 m³ の日本最大の遊水地です。多数の動植物が生息・生育しており、湿地の保全に関するラムサール条約にも登録されています。

　遊水地に関係の深い言葉として、「グリーンインフラ」があります。グリーンインフラとは、自然が持つ多様な機能を賢く利用することで、持続可能な社会と経済の発展に寄与するインフラや土地利用計画のことをいいます。自然が持つ多様な機能は、自然環境や動植物などの生き物が人間社会に提供するさまざまな自然の恵み（生態系サービス）を指します。生態系サービスには、自然が持つ防災・減災機能なども含まれます。

　遊水地はグリーンインフラの 1 つと考えられ、治水機能だけでなく、平常時に

は生態系の保全や地域住民のレクリエーションや環境学習の場としても利用できます。国土交通省が考える「流域治水」の施策の中に遊水地も入っており、今後ますます注目されると予想されます。

巨椋池を遊水地化するとどれくらいの効果があるか？

私たちの研究グループでは、干拓地となった現在も水害危険度の高いままの旧巨椋池流域に遊水地を設置し、超過洪水時の治水対策としてどれくらいの効果があるかの研究を進めてきました。干拓地というのは、水を干し上げてできた土地のことで、地盤高（標高）は池の時と変わりません。つまり、周りより標高が低く、雨が降ると水が溜まりやすい地形になっています。私たちの研究グループでは、巨椋池干拓地に遊水地を設置したときの治水効果を、模型実験と洪水氾濫解析の両面から研究しています。

まずは、模型実験について紹介します。京都大学防災研究所宇治川オープンラボラトリーの中に、巨椋池流域模型ビオトープを製作しました（図4）。巨椋池とその周辺の宇治川、桂川、木津川および三川合流点を含む約 $10\mathrm{km}^2$ 四方の範囲を、水平方向200分の1、池部は1分の1、河道は20分の1のスケールとしました。巨椋池のサイズは、干拓直前の地形を参考にしました。宇治川には天ヶ瀬ダムを模した貯水槽、桂川と木津川には三角堰をそれぞれ設け、河道に水を流す

図4　巨椋池流域模型ビオトープ全景
出所：筆者撮影。ドローンで撮った写真。

ことで洪水実験ができるようにしています。宇治川の水位が上がると、越流堤部分から遊水地内に水が流入する仕組みになっています。越流堤を閉じた遊水地がない場合と、越流堤から水が流入する遊水地がある場合を比較して実験したところ、越流堤付近の宇治川では、遊水地がある場合にピークに達した後の水位低下が早く起こりました。つまり、遊水地に水が流入した結果、河川の水位が下がりました。河川の水位が高い状態が続くと、堤防決壊の恐れが高まります。増水後の水位低下を早くすることで、堤防決壊のリスクを下げることができます。また、この流域模型ビオトープは、池部分に常時水が入っており、かつて巨椋池に生育していたハスやオグラコウホネ、ムジナモなどの水生植物を植栽し、トンボや水鳥が飛んでくるなど、環境保全の場としても機能しています。

洪水氾濫解析では、現在の巨椋池干拓地に遊水地を設置することを検討しています。現在の干拓地は農地を中心に開発が進んでいます。住宅地等が浸水すると被害が大きいので、遊水地は住宅地に重ならないように、農地の部分に設置することを想定して約 500ha としました。遊水地内に水深 5m の水が貯まると、天ヶ瀬ダム約 1 杯分に相当する量になります。流量の設定は、現在の想定を超える洪水が起こると仮定し、宇治川を計画高水流量の 1.2 倍とし、桂川と木津川は計画高水流量としました。平面 2 次元の氾濫流解析ソフトウェアの iRIC ver.2.3 内の解析ソルバー iRIC Nays2D Flood ver.5.0 を用いて氾濫解析を行い、遊水地の貯水量や河道の水位変化を調べました。解析開始 8.5 時間後から遊水地に水が流入し、ピーク流量時を超えて 14 時間後まで水が流入しました。解析終了の 24 時間後には、遊水地内の最大水深が約 1.3m となり、約 120 万 m^3 の水を溜めることができました（図 5）。遊水地を設置すると、宇治川のピーク時の水位が約 10cm 低下する結果となりました。

宇治川、桂川、木津川が集まる三川合流域は、大量の水が流れてくると水が滞留し、氾濫するリスクが高い地域です。巨椋池遊水地を設置することで、宇治川の流量を減らし、先に桂川と木津川の流量を下流の淀川本川に流せば、合流点と淀川本川の氾濫リスクが低下します。巨椋池干拓地に遊水地を設置する話は、今の段階ではあくまで研究レベルの話で、実際に計画されているわけではありません。実際に計画する上では、解析の精度を上げることや遊水地の大きさなどのさ

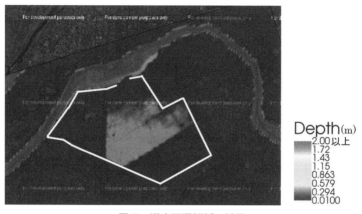

図5　洪水氾濫解析の結果
枠で囲った遊水地内に水の貯留が確認できる。
出所：Ishida et al.（2020）を改変。

まざまな条件を考慮する必要があります。関係する行政機関や地元住民・団体等
との合意形成も必要となり、簡単には実現できません。しかし、想定を超える洪
水に対して、流域治水の考え方に基づいて減災対策を行う上で、既存の河川堤防
やダムに遊水地を組み合わせて全体の氾濫リスクを下げることは有効であると考
えられます。

5　将来の淀川流域のためにみんなでできること

　本章では、淀川流域の治水の課題や、将来に向けた流域治水プロジェクトや遊
水地案について紹介しました。今後、淀川流域で想定を超える水災害が起こる可
能性は大いにあります。これまでの近代以降の治水対策は河川管理者である行政
が中心に実施しており、一般市民は行政任せにしていることが多くあり、被害が
出れば行政の責任にしていました。しかし、激甚化する水災害に対して、行政だ
けでは対応できなくなりつつあります。人口減少社会において、多額の税金を使っ
て河川の治水工事をし続けることは難しくなります。災害を完全に防ぐのではな
く、可能な限り減らしていく減災という考え方には、ハード対策に加え、ソフト
対策が重要になってきます。浸水リスクの高い地域からの住み替えや水田での雨

水貯留、洪水が来る前の早めの避難など、これらは地域住民の理解と協力がなければ実現しません。淀川流域の課題に対して、一人ひとりが他人事ではなく、流域住民として自分事と捉え、協力しあって淀川流域の将来をよくしていくことが大切です。（石田裕子）

参考文献

国土交通省近畿地方整備局：淀川水系河川整備計画 （2009年3月）https://www 1.kkr.mlit.go.jp/river/iinkaikatsudou/yodo_sui/qgl8vl0000000zy0-att/betten3.pdf（2021年1月10日確認）

国土交通省近畿地方整備局淀川河川事務所：古代から現代までの淀川の歴史 https://www-1.kkr.mlit.go.jp/yodogawa/know/history/now_and_then/index.html（2021年1月10日確認）

国土交通省：流域治水プロジェクト https://www.mlit.go.jp/river/kasen/ryuiki_pro/index.html（2021年1月10日確認）

第2章

水辺を楽しく利用するためには
どうすればいいか？

水辺整備と流域連携活動

Key Word

行政と市民の協働、寝屋川再生ワークショップ、点野水辺づくりプロジェクト、天然アユ
の遡上、パブリックアート、生物多様性、環境学習、防災学習

SDGs の目標　　目標 9（産業と技術革新の基盤をつくろう）
　　　　　　　　　目標 17（パートナーシップで目標を達成しよう）

STEP1　どんな課題があるの？

高度経済成長期の水質悪化や、治水を優先した整備などの結果、淀川流域の河川は人
が近づきにくくなりました。水質が改善されてからも、人々の関心が川から遠のき、
河川・水辺の環境が悪化しています。人が河川・水辺に関わらなくなると、洪水災害
の増大や避難の遅れ、生態系や生物多様性の劣化から来る日常的な生活環境の悪化が
予想されます。

STEP2　SDGs の視点

目標 9（産業と技術革新の基盤をつくろう）：レジリエントなインフラを構築し、だ
れもが参画できる持続可能な産業化を促進し、イノベーションを推進する。
〈ターゲット 9.1〉経済発展と人間の幸福をサポートするため、すべての人々が容易
かつ公平に利用できることに重点を置きながら、地域内および国境を越えたインフラ
を含む、質が高く信頼性があり持続可能でレジリエントなインフラを開発する。

目標 17（パートナーシップで目標を達成しよう）：持続可能な開発のための実施手段
を強化し、グローバル・パートナーシップを活性化する。
〈ターゲット 17.17〉さまざまなパートナーシップの経験や資源戦略を基にした、効
果的な公的、官民、市民社会のパートナーシップを奨励・推進する。

STEP3　めざす社会の姿

従来の河川管理者だけでなく、多様な立場の流域住民が河川・水辺に関心を持ち、実
際の河川整備に関わることで、水害に強いまちづくりや良好な河川・水辺環境が形成
されます。また、流域で多様な人がつながる流域連携が進むと、持続可能な淀川流域
の発展につながります。

1 日本一にもなった淀川の水辺整備ってどんなの？

寝屋川再生ワークショップでの水辺整備

　寝屋川市の市名は、市内中心部を流れる一級河川・寝屋川に由来しています。大阪府東部にある寝屋川流域では、これまで 1972 年の大東水害をはじめとして内水氾濫（市街地に降った多量の雨が排水されずに溢れること）による浸水被害がたびたび発生しており、今でも水害危険度の高い地域となっています。昭和 30 年（1955 年）代から、河川改修や治水施設の整備などの水害対策が進み、水害危険度はかつてに比べて大きく減少しました。しかし、その結果、寝屋川市内の河川や水路はコンクリート化が進み、フェンスで囲われ、人が近づきにくくなりました。高度経済成長期には河川の水質汚染が進み、ゴミが捨てられ、人々の関心が失われていきました。

　寝屋川再生ワークショップは、2001 年に寝屋川市の市制 50 周年を契機として、一級河川・寝屋川の再生プランを策定することを目的として始まりました。公募委員 30 名を募集したところ、61 名の応募があり全員を公募委員として任命し、市と協働して寝屋川本川で重点整備箇所を 4 か所選定しました。1 か所目の京阪寝屋川市駅前の整備では、ワークショップの中で基本設計から実施設計、工事施工段階まで議論しました。3 年間の議論を経て、「寝屋川せせらぎ公園」は 2005 年に完成しました（写真 1）。市の玄関口としてふさわしいものにするため、ウッドデッキや沈下橋が設置され、人が近づけるようになっています。また、寝屋川源流域に生育している樹木を植栽し、空石積み護岸のすき間からは植物が自然に生え、景観上も配慮されたものになっています。

　このワークショップの特徴は、一般市民、市内の大学の教員および学生、市内在住の中学高校生など、多様な参加者が対等な立場で話し合うことです。また、ただ行政に要望するのではなく、自分たちがどう行動したいのかという視点で意見を出し合いました。こうすることで、合意形成過程に主体的に関わったという意識が参加者に生まれます。そして、継続して関わりたいという思いが参加者の中に生まれ、その後ワークショップ委員の有志で市民団体「ねや川水辺クラブ」

写真1　寝屋川せせらぎ公園
出所：筆者撮影。

が結成され、現在まで整備後の水辺空間の維持管理を継続して行っています。

　寝屋川再生ワークショップおよびねや川水辺クラブの取り組みは、クリーンリバー作戦、外来種除去作業、生き物調査、舟下り、源流ハイキングや間伐作業、川づくりの実働作業、小学校での総合学習など、あらゆる市民活動に広がり、寝屋川市内の川づくりを進めてきました。この間に、寝屋川本川では「幸町公園」（2009 年竣工、以下同）、「川勝水辺ひろば」（2013 年）が整備されました。「茨田樋遺跡水辺公園」（2007 年）は、淀川関連の土木遺構（昔の樋門）と自然環境の復元を、2 年かけて市民延べ 527 人が参加した「市民工事」により完成しました。この時は地元自治会や小学生も一緒になり整備に関わりました。その他にも、水路やため池の環境保全など、市内での整備を進めてきました。

　また、このワークショップでは、河川・水辺の整備の提案にとどまらず、まち全体を視野に入れて川を活かしたまちづくりを進めることを目指し、「寝屋川市水辺整備基本構想」を 2010 年に策定し、その後 2019 年に新たな課題や近年の動向を反映させて改定しました。

　これらの水辺整備に関する行政と市民の協働の取り組みが高く評価され、河川愛護団体の全国大会である 2002 年「川の日ワークショップ」のグランプリや第 10 回日本水大賞国土交通大臣賞、土木学会関西支部市民土木大賞「市民と歩む土木の業績部門」など、数々の賞を受賞しています。2001 年から始まった寝屋川再生ワークショップは 2019 年度まで続きました。2020 年度は新型コロナウイ

ルス感染症（COVID-19）の拡大の影響を受け、ワークショップの開催は中止されましたが、2021年以降も継続して活動していくことを関係者間で話しています。

点野水辺づくりプロジェクト

　寝屋川再生ワークショップでは、主に寝屋川市内河川と水路の整備や保全について取り組んでいます。しかし、寝屋川市内には、淀川も流れており、寝屋川市内での水辺整備の取り組みは淀川にも広がっていきました。

　淀川・点野地区には、高水敷の管理用道路からすぐの低水護岸を降りたところに、点野砂州と呼ばれる砂州があります（写真2）。ここにはかつてワンド群（ワンド：本川と接続した流れの緩い池状の水域。水生生物の産卵場所や成育場所として重要である）がありましたが、現在は土砂堆積が進み、1つのワンドしか残っていません。見通しがよく、淀川本川の中でほぼ唯一、安全に親水活動ができる場所です。ここで、2006年から「点野地区拠点整備活動」が淀川管内河川レンジャー（住民と行政が一緒になって川の管理や整備を行うためのコーディネーター）とねや川水辺クラブを中心とした市民の協働で行われています。2012年からは摂南大学エコシビル部も主催者として参画し、官民学協働の取り組みに広がっています。主に月1回の草刈り、外来植物駆除、台風後の流木・倒木の除去、ゴミ拾いなどを行っています。また、年に1回、「淀川まるごと体験会」として、流域内の他の市民団体等の協力も得て、子どもたちとその家族を集めてSUP（スタンドアッ

写真2　点野砂州
出所：摂南大学エコシビル部撮影。

プパドルボート）・カヌー体験、魚とり、ヨシ笛づくり、スローロープ・浸水歩行体験など、さまざまな体験活動を通して淀川の魅力に触れてもらう機会を提供しています。

　これらの取り組みが評価され、2013年には、淀川河川公園中流左岸域地域協議会で『みんなで育てる河川公園』モデル

地区として点野野草地区が選定されました。高水敷から点野砂州までのアクセスをよくするための高水敷切り下げ事業として公園整備計画に位置付けられ、2014年から点野水辺づくりワークショップが始まりました。このワークショップには、これまで点野拠点整備活動に参加していた団体の他、地元の高校や企業も加わり、かつてワンドがあった場所への新たなワンドの整備など、親水利用と生物の生息場保全を両立させた整備計画について議論しました。整備の議論と並行して、点野水辺づくりプロジェクトが発足し、淀川まるごと体験会の他、茨田イチョウまつりや地元小学校の遠足などを実施しています。高水敷の整備は 2020 年度から 2 か年をかけて予定されており、2021 年 3 月現在、高水敷の切り下げ工事が実施されています。整備後は市民による利活用が期待されています。

淀川左岸地域から広がる流域連携

河川の右岸・左岸は、下流を向いた時に右側を右岸、左側を左岸といいます。淀川を考えた時、寝屋川市は左岸側にあり、寝屋川市を含めた地域を淀川左岸地域と呼びます。淀川左岸地域では、2000 年以降、全国的にも先進的な河川・水辺の整備や保全活動を、行政・市民・大学の協働で行ってきました。これらの活動には、市民の絶え間ないボランティア活動と、大学を始めとした若者の力が欠かせません。

また、これらの活動を淀川左岸地域で行うだけでなく、淀川流域の他団体との情報交換や交流を行う近畿水環境交流会や近畿河川フォーラム、琵琶湖・淀川・大阪湾流域圏シンポジウムなどを実施しています。流域で活動するさまざまな団体とネットワークをつくることで、流域全体の連携活動を促進しています。特に、フォーラムやシンポジウムでは、流域のさまざまな課題に対して広く一般市民に知ってもらい、関心を持ってもらうことを主な目的としています。地域の人の理解と協力・連携が、第 1 章で述べた流域治水を実現することにつながります。多様な市民・団体による流域連携が広がることは、淀川流域の持続可能な将来につながっていきます。

2 天然アユがすむ川はどんな川？

「京の川の恵みを活かす会」を中心とした淀川流域での取り組み

　流通手段や冷凍技術がなかった古代より、川魚であるアユは日本の食卓に欠かせないものでした。特に、桂川上流のアユは、平安時代より幕末まで朝廷に献上される献上鮎として知られていました。現在でも、最も多く食べられている川魚の１つです。鴨川で捕れるアユは、高級日本料理店で提供されています。

　夏の間、河川の上流で珪藻類を食べて成長するアユは、秋になると中・下流域に下り、砂礫質の河床の瀬で産卵すると親魚は力尽きます。その後、卵は２週間程度で孵化し、川の流れに乗って河口域まで下ります。冬の間、沿岸域で動物プランクトンを食べて成長し、春になると５〜10cm になった稚魚が川を遡上します。そして、夏の間涼しい上流域で生活するという生態を持っています。１年で生命を終えることから「年魚」と言われたり、食べるときの香りのよさから「香魚」と呼ばれたりします。

　アユは川と海を行き来する魚ですが、戦後の河川改修やダム・堰堤などの横断構造物による河川の連続性の分断化などによって、1970 年代から徐々に漁獲量が減少し、1990 年代からは全国的に大きく減少し続けています。この対策として、養殖した稚鮎を放流する事業が各地で行われています。しかし、アユをいくら放流しても、漁獲量が増えていないところも多くあります。琵琶湖由来の放流アユが持つ冷水病や、遺伝子撹乱（他の地域からやってきた個体がその川本来の個体と交雑することによって固有の遺伝子が失われること）など、さまざまな理由でアユを放流してもその後の漁獲量につながらないことがあります。また、漁獲されたアユのうち、天然アユが多くを占め、放流アユはほとんど漁獲されないという報告もあります。現在では、天然アユを増やす取り組みが、いくつかの河川の漁業協同組合で始まっています。

　淀川流域においても、堰などの横断構造物による河川の分断化などによって、天然アユが減少しています。「京の川の恵みを活かす会」（活かす会）は、鴨川や桂川など淀川流域の自然の恵みを豊かにし、これを活かしていくことに賛同する

関係団体・個人で構成された連携組織(ネットワーク)として、2012 年に誕生しました。まずは京都・鴨川の天然アユをシンボルとし、天然アユが遡上し生息できる豊かな流域環境を取り戻すことを目指して、流域の漁協、大学等の研究者・専門家、NPO などのメンバーが関連する行政と連携しながら、天然アユ等を遡上させるための魚道設置や遡上観察、遡上数調査を始めとして、さまざまな活動を行っています。京都市内を流れる鴨川には落差工が設置されており、アユなどの生き物が遡上できません。活かす会では、毎年春に、鴨川の二条落差工、丸太町落差工、荒神口落差工に仮設の魚道を設置し、下流域から遡上する天然アユを増やす取り組みをしています。アユの遡上時期が過ぎると仮設魚道を撤去します。この取り組みを続けている間に、2016 年に鴨川のアユの DNA を分析したところ、平均して 25%のアユが淀川を遡上してきた天然アユであることがわかりました。

　活かす会の特徴は、従来では考えられなかった多様な団体が連携していることにあります。一般的に、漁協は、遊漁者(釣りをする人)に遊漁券を売り収入を得ています。河川環境の悪化などで川で釣りの対象となるアユなどの魚が減少すると、遊漁券が売れなくなり、漁協の経営に影響します。この問題を解決するために、全国の漁協で種苗放流(アユの稚魚を河川に放流すること)を行ってきました。しかし、いくら種苗放流してもアユが増えないという報告があります。高橋(2009)によると、放流されたアユは冷水病などにより生残率が低いとされています。漁協の中には、天然アユがすめる環境づくりを行うところが出てきました。京都の鴨川においても、賀茂川漁協が中心となり、淀川流域の他の漁協に呼びかけ、大学の研究者と連携して、桂川・鴨川の環境改善に取り組んできました。川の環境を改善し天然アユを増やすことは、釣り客の増加につながり、漁協の経営状況もいずれよくなります。漁協を管轄している行政の水産部局にとっても、漁協の経営状況が改善することは喜ばしいことです。鴨川で採れる魚を食品としてブランド化する動きもあります。また、魚道の設置や河川環境の改善には、河川管理者である行政の土木部局も関わってきます。そして、河川生態学、河川工学、水産学などの研究者や専門家が加わり、全員で天然アユの復活に取り組んでいます。

　淀川の下流域には、新淀川と大川(旧河川)があります。新淀川には治水や取水のための淀川大堰があり、ここには左右岸に魚道が設置されています。国土交

通省近畿地方整備局淀川河川事務所によりアユの遡上調査が行われており、ばらつきはあるものの、毎年多くのアユが遡上しています。一方、淀川と大川の合流部には毛馬水門・閘門がありますが、ここには魚道が設置されていません。大阪湾から大川を遡上してきたアユは、大川から淀川に遡上するところに水面差があり、淀川に遡上できずに滞留しています。活かす会は淀川河川事務所と連携して、大川に滞留している遡上アユを淀川へ汲み上げる作業を行っています。また、淀川河川事務所は、大川との水面差を小さくしアユが遡上しやすくなるように、淀川大堰の水位操作を行っています。さらに、下流域の大阪市漁協と連携し、大阪湾沿岸部でのアユ仔魚の生息調査なども行っています。年に1回、流域で天然アユの取り組みを実施している団体が集まり、その年の調査結果や取り組みを報告する「川の恵みを活かすフォーラム」を開催しており、流域全体で天然アユを増やすための取り組みを進めています。

芥川における遡上アユ市民調査

　大阪府高槻市を流れる芥川は淀川右岸に合流する支川です。芥川においても、高度経済成長期に水質汚染が進み、河川環境が悪化し汚染に強い水生生物しかすめなくなりました。その後、水質が改善されてからは水生生物は戻ってきましたが、アユなどの遡上する生物は堰や落差工があるため、上流まで遡上できない環境になっていました。

　芥川では、2004年に芥川大橋下流でアユが4尾とれたことをきっかけに、芥川にアユをのぼらせようというプロジェクトが始まりました。「芥川・ひとと魚にやさしい川づくりネットワーク」(行政と市民団体の連携ネットワーク)を中心に、落差工に魚道をつける取り組みを実施しました。最初は土のうを積むだけの簡易的な魚道でしたが、2005年から2010年までに、中流域の落差工のある場所に7つの魚道が建設されました。そして、2011年には国土交通省により、最下流部の芥川一号井堰に魚道が建設されました。これにより、淀川から遡上してきたアユが芥川の堰を越えられるようになりました。2012年から市民や大学が協働して芥川一号井堰の魚道でのアユの遡上調査を行っています(写真3)。その他、秋のアユ仔魚調査や、川底の石を耕してアユの産卵場を整備する活動を行っていま

写真３　芥川での遡上調査風景
出所：筆者撮影。

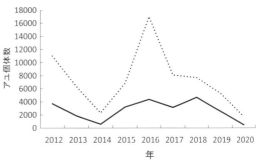

図１　芥川の遡上調査で確認されたアユの個体数
出所：筆者作成。石田ほか（未発表）。

凡例：——— 実測値（個体数）　……… 推定値（個体数）

す。2018 年から 2020 年にかけて、さらに上流の堰に魚道を整備し、摂津峡の下流まで河川の連続性が確保できました。2012 年から 2020 年までの調査で、約 7 万個体のアユが遡上したと推定されます（図１）。

　大阪府内の淀川の支川で、アユの遡上が確認されているのは芥川だけです。「芥川・ひとと魚にやさしい川づくりネットワーク」では、アユがすめる環境づくりを中心に、環境学習や自然観察会などを実施しています。毎年、川の恵みを活かすフォーラムにも参加し、京都と大阪で連携して活動しています。芥川にたくさんのアユが遡上して、泳いでいる姿が当たり前に見られるようになると、芥川のアユも食卓に上るようになるかもしれません。

3　パブリックアートで流域連携できる？
——天若湖アートプロジェクト

　パブリックアートとは、道路や公園など公共的な空間に設置される芸術作品のことをいいます。ここでは、ダムを舞台にパブリックアートを実施している事例を紹介します。

　淀川流域の桂川の上流にある日吉ダム（写真４）は、1998 年に桂川流域の治水と利水のためにつくられました。比較的新しいダムで、当初から「地域に開かれたダム」をコンセプトに、温泉等の多くの施設がつくられ、多くの来訪者に利用されています。2004 年には、湖面利用のルールが定められ、新しい公共空間と

写真4　日吉ダム
出所：筆者撮影。

してのダム湖面が市民に開放されることになりました。しかし、新たな湖面利用は、ブラックバス釣りにみられるボート利用などで、地域固有の歴史に根差した人との関わりを持っていませんでした。

かつて、日吉ダムができる前、ここには中・天若地区という集落がありました。山や川などの自然に囲まれた地域で、人々は農業や林業、桂川（大堰川）を利用した筏流しや舟運、アユなどの川漁をして暮らしていました。ダム建設が決まってから村がなくなるまでの間に、写真家によって多数の写真が撮影されました。写真からは、川とともに暮らした人々の様子がうかがえます。ダム建設以前の1987年に、154世帯499人が移転することとなりました。ダム湖には5つの村が沈み、新しくできたダム湖は天若湖と名付けられました。

2004年にNPO法人桂川流域ネットワークが「市民による天若湖の新しい湖面利用提案」を募集し、応募された中に、ダム湖に沈んだ集落の一戸一戸の上にあかりを浮かべるというインスタレーションの提案がありました。これを、NPO法人アート・プランまぜまぜが企画化し、2005年に天若湖アートプロジェクト「あかりがつなぐ記憶」として実現しました。天若湖アートプロジェクトは実行委員会形式で実施されており、流域内の市民団体やNPO法人、大学、水没集落移転者などで構成されています。メインプログラムである「あかりがつなぐ記憶」は（独）水資源機構日吉ダム管理所の協力を受け、夜の湖面に水没した家々をあかりで再現しています（写真5、6）。

天若湖アートプロジェクトは、新たな上下流連携のあり方として、アートという手法を用いています。地域の思いやダムに対する考え方は、それぞれの人や立場によって実に多様です。ダムの下流域の住民は、ダムによって洪水の恐れの少ない安全な暮らしを提供されますが、ダム建設によりそこにあった人の暮らしが

写真5　あかりがつなぐ記憶
あかり１つひとつがかつてそこにあった家々を表している。
出所：天若湖アートプロジェクト撮影。

写真6　あかりの設営作業風景
出所：筆者撮影。

失われたことを知っている人はほとんどいません。一方、ダム建設のために先祖代々の住み慣れた土地や暮らしを失うことになった人たちのなかには、下流域の人にこのことを知ってほしいと思う人もいます。また、同じ集落の中でも、さまざまな思いがあり、ダムは河川を分断するだけでなく、上下流間や地域内の人の心を分断します。アートで地域や流域の課題をすぐに解決することはできませんが、アートという形をとることによって、立場や意見の異なる多様な人々が地域の問題を共有し、上下流間で共感することができます。こうすることで、地域、流域の人々をつなぎ、地域の記憶を次世代につなげています。天若湖アートプロジェクトでは、地元地域やアーティストと連携して、古民家での襖絵プロジェクトや子どもを対象としたアートワークショップなどを通じて、地域の魅力を発信する取り組みも行っています。

4 流域の問題を知らない人にどう伝えればいいの？

　本章では、淀川流域のさまざまな課題について各地で取り組まれている活動について紹介しました。行政・市民・大学・企業などの多様な団体が連携して活動していますが、流域内人口 1,200 万人から見ればわずかな人しか関わっていません。むしろ、流域にさまざまな課題があることを知っている人や関心のある人のほうが少ないでしょう。しかし、流域の課題は、そこに住むすべての人に影響し

ます。例えば、上流域の森林の荒廃が進むと河川での洪水が増加します。流域内の森林や河川の生態系がうまく機能しなければ、気候変動や水循環に影響し、やはり洪水が増加します。マイクロプラスチック問題のように、流域全体から出るゴミは、河川を通じ海まで流れ、河川や海洋の汚染につながります。マイクロプラスチックは海の魚の体内に蓄積し、その魚がやがて食卓に上ると人体に蓄積し、影響を与えます。このように、流域の環境が悪くなると、そこから得られる生態系サービス（生態系の機能のうち、特に人が恩恵を受けるもののこと。"自然の恵み"）が低下し、人の生活の質の低下につながります。流域住民の一人ひとりがこのことに気づき、流域の将来に向けた行動をとることが大切です。

　本章で紹介した活動は、どれも市民・流域住民への普及・啓発にも力を入れています。一般市民を対象としたシンポジウムやフォーラムなどでは、流域の課題について参加者に知ってもらい、みんなで一緒に考えることを大切にしています。最近はインターネットが発達し、SNSでの発信によって流域以外の人にも情報を広めることや、交流をする機会もできてきました。

　また、少子化が進む中で、地域活動の担い手となる人を育てることも重要です。私たちの活動には、大学生が多く参加します。大学の講義で関心を持った学生たちが、課外活動などで河川や水辺の活動に参加します。座学と実践を通じて、学生たちは多くのことを学びます。1人の学生がこれらの活動に関わるのは在学中だけかもしれませんが、卒業後新たな地域での活動の担い手として活躍が期待されます。また、継続的に一定の年齢の大学生たちが関わることで、高齢化している団体などでは活動の担い手として活躍しています。子ども向けには、地域の小学校での環境学習や水辺や自然の素材を使ったワークショップなどを実施しています。次世代を担う子どもたちに河川や水辺の楽しさ、そして水害の恐ろしさを知ってもらうことで、流域の課題に関心を持ち将来の活動の担い手となる人を育てることを目的としています。子どもが関心を持つと、その保護者も関心を持ちます。さまざまな取り組みを通じて、流域に関心を持つ人を増やすことが、将来の淀川流域の持続可能な発展につながります。（石田裕子）

参考文献

高橋勇夫『天然アユが育つ川』築地書館、2009年

手塚恵子・大西信弘・原田禎夫（編）『京の筏——コモンズとしての保津川』ナカニシヤ
　　出版、2016年

第 3 章

「森林の豊かさ」とは何か？

淀川源流の朽木から考える

Key Word

源流、森林、地域、里山、トチノキ

SDGs の目標　目標 15（陸の豊かさも守ろう）
　　　　　　　　目標 13（気候変動に具体的な対策を）

STEP1　どんな課題があるの？

淀川源流を含めた日本の森林は、獣害や管理放棄といったさまざまな課題を抱えています。課題を解決する上で生物多様性や森林の保全について考えることはもちろん重要ですが、そもそも「森林の豊かさ」とは一体どのようなもので、「保全」とはどのような森林を目指したものなのでしょうか。

STEP2　SDGs の視点

目標 15（陸の豊かさも守ろう）：陸の生態系を保護・回復するとともに持続可能な利用を推進し、持続可能な森林管理を行い、砂漠化を食い止め、土地劣化を阻止・回復し、生物多様性の損失を止める。

目標 13（気候変動に具体的な対策を）：気候変動とその影響に立ち向かうため、緊急対策を実施する。
〈ターゲット 13.1〉すべての国々で、気候関連の災害や自然災害に対するレジリエンスと適応力を強化する。

STEP3　めざす社会の姿

森林の現状や変化を注視していくと、「豊かな森林」の意味は地域・時代・個人によってさまざまであることがわかり、人と自然の関係の複雑さが見えてきます。所与の課題や課題解決の視点にとらわれず、何を課題ととらえ、将来的に何をしていくのか、を地域の人々と森林との関係に基づいて考えられる社会もまた大切にしなくてはなりません。

1 森林の重要性

日本は国土の7割近くが森林に覆われています。森林は、木材や林産物を生み出し、人々の暮らしを古くから支えてきました。日本は、森林と密接に関わり合いながら暮らしてきた「森の国」であるといえるでしょう。

現在では多くの人が都市に暮らしているため、森林との関わりやその重要性を感じることは難しいかもしれません。しかし、森林を直接利用しない人々にとっても、森林はさまざまな役割や機能を有しています。例えば、森林は地域に降った雨を涵養し、年間を通じて流域の水資源を安定させる機能を持っています。また、森林を構成する樹木の根や下層の植生、落葉などは、下流への土砂の流出を減少させ、土砂災害を抑制する機能もあります。

SDGs の目標15（陸の豊かさも守ろう）では、森林や山地など陸上の生態系と、それらがもたらす自然の恵みを守り、回復させ、持続可能な形で利用できるようにすることが目指されています。森林は多くの人にとって重要だということは先程述べました。では、どのような森林であることが、「森林の豊かさ」につながるのでしょうか？また、「森林の豊かさ」とは誰のためなのでしょうか？本章では、淀川の源流域に位置する朽木地域における森林の変化や現状、その課題について具体的に見ていくことによって、これらの問いについて考えていきたいと思います。

2 淀川の源流・朽木地域はどんなところか？

淀川水系は、滋賀県、三重県、京都府、大阪府、兵庫県、奈良県の2府4県にまたがる流域面積 8,240km^2 に及ぶ日本を代表する水系です。最も北に位置する滋賀県長浜市の高時川上流部が淀川の源流として有名ですが、支流の数が日本の河川で一番多いなど、源流域は広範に存在しています。この源流域の1つが、本章で紹介する滋賀県高島市朽木地域です。かつては朽木村という行政単位であり、滋賀県唯一の村でしたが、2005年の市町村合併に伴い高島市の一部となりました。

写真１　朽木の人工林の様子
出所：筆者撮影（2011年６月）。

写真２　朽木の二次林の様子
出所：筆者撮影（2012年５月）。

　朽木は滋賀県の北西部に位置しており、京都府・福井県と接しています。朽木は琵琶湖へ流下する河川の中で流入量が最も多い安曇川に流れ込む針畑川や北川の流域に広がる地域であり、まさに淀川の主要な源流域の１つといえます。朽木は、現在では車を利用すれば京都からも１時間程度で訪れることができ、都市部からも訪れやすい地域です。こうしたことから、京都・大阪方面から気軽に行ける「田舎」や「山里」として人気があり、自然の豊かさを楽しむために訪れる人も多くみられます。

　朽木の森林は、現在どのような景観なのでしょうか。写真１と写真２は、いずれも朽木の森林の様子を撮影した写真です。森林といってもさまざまな景観があることがわかります。写真１では、同じような太さの樹木がほぼ等間隔に生育しています。これらは、人によって植栽されたスギやヒノキのような常緑針葉樹であり、一般的には「人工林」と呼ばれています。人工林は、現在では、日本における森林面積の約４割を占め、朽木に限らず、日本の至るところで目にすることができます。朽木でも、人工林が森林の半分近くを占め、現在の景観の主要な構成要素になっています。

　写真２は、人工林と比べると木々の分布が不均一で、樹種も多様であることがわかります。一見すると人の手が入っていない森林と考えてしまいがちですが、これらの森林の多くは、人が森林を利用することによって成立した「（落葉広葉樹）

二次林」と呼ばれる植生です。次の節で詳しく説明しますが、人々は長い間さまざまな形で森林を利用し続けてきました。その結果、自然に生じる植生の変化（植生遷移と呼ばれます）とは異なり、生育している種や密度等が異なる森林が形成されてきたのです。二次林は「里山」と呼ばれることもあり、生物多様性の観点からも重要な植生であるといわれています。朽木では、人工林が分布していない山林のほとんどを二次林が占めています。

　その他の植生としては、比較的人為の影響が少ないブナを中心とする落葉広葉樹林や常緑広葉樹林などがわずかに存在しています。朽木は、日本海側の植生（落葉広葉樹林）と太平洋側の植生（常緑広葉樹林）の境界付近に位置していることから、両方の植生の特徴を含む地域に位置しています。そのため、人為の影響が少ない自然植生（天然林）が分布している地域には、多様な植物種が生育しています。

3　源流域の森林は、どのように変化してきたのか？

　それでは、現在の朽木でみられる森林へと変化してきたのはいつごろなのでしょうか。

　朽木は、古くから山林利用がなされてきたことが記録に残されており、材木を切り出す山の意味を持つ「杣」と呼ばれてきました（朽木ノ杣）。朽木で伐採された木材は平城京でも使われており、奈良時代から奈良や京都などの大型建物建立の際の用材の供出地域の1つでした。木材は、筏を組まれ、水を貯めて一気に押し流す「てっぽう」と呼ばれる方法によって安曇川の河口まで運ばれ、その後は琵琶湖・宇治川を経由して都に運ばれました。

　また、朽木は、鎌倉時代から明治維新までの長い期間にわたって、朽木氏に統治されていました。この時代には、木材以外の山林関係の生業も多いことが記録されています。具体的には、燃料として利用するための薪や木炭といった薪炭材、そして「ろくろ」を使って作られる鉢や碗といった木地などが挙げられます。特に木炭は、江戸時代の朽木を代表する産物であり、木炭生産は住民の主要な生業でした。山間部に位置する朽木は、水田に利用できるような平地が限られており、コメの収穫量は十分に得られない地域であったため、木炭のような林産物が年貢

として取り立てられていました。そのため、朽木では昔から山林の木々は住民が利用するために伐採されてきました。しかし、薪炭材として利用される場合、伐採された場所にはまた新たな樹木が生育し始め、数十年程度が経過すれば、再び同じような森林に回復します。これが前節で述べた二次林です。定期的に伐採と回復を繰り返されるために、二次林が維持されてきたのです。

その他の山林利用として、水田の肥料となるコナラやクヌギといった樹木の新芽の採集があります。毎年定期的に新芽が採集されたため、樹木は低木状に維持され、草本が優占する草地のような景観が広がっていたといわれています。こうした山林は「ホトラヤマ」とよばれていました。

明治期頃からは近畿圏の鉄道建設などにより木材の需要が増加し、産出量も増加しました。しかし、1950年頃までの林産物の中心はまだ木炭であり、主に大津や京都方面に販売されていました。明治期から昭和初期までは、まだまだ木炭が一般家庭で燃料として使われていたためです。木炭の需要は、近畿圏の人口増加とともにますます高まっていったため、当時は多くの村民が製炭に従事したといわれています。したがって、この時期においても薪炭材を得るために二次林が伐採されました。1956年の記録では、朽木村において炭が12万3千俵生産され、滋賀県で第2位の生産量を占めていました。

しかし、1950年代以降になると、人々の暮らしが大きく変化してきました。この時期から、ガスや電気が都市域から整備され始め、炊事や風呂の湯を沸かすために利用してきた薪炭材の利用が急激に減少しました。薪炭材から化石燃料へとエネルギーが転換したこの現象は、「燃料革命」と呼ばれています。こうした社会変化にともなって、木炭の需要が落ち込みます。朽木では、木炭の生産量が減少し、製炭業の従事者は大きく減少していくことになったのです。また同時に、水田の肥料などに使われていた樹木の新芽の採集も、化学肥料の普及などにともなって行われなくなり、ホトラヤマの景観も失われていきました。

薪炭材を生産してきた場所の多くには、スギなどの針葉樹が植えられました。その背景には、戦後の復興期から高度経済成長期にかけて、特に建築資材として利用しやすい針葉樹の需要が全国的に急増していたことがあります。また、木材を大量に確保するため、国が政策として人工林への置き換えを進めていたことも

関係しています（拡大造林政策）。この時期、スギなどの針葉樹を販売することは、重要な現金収入となったため、朽木でも大規模に植林が進められました。さらに、効率的に植林を進めるために流域の自治体などによって造林公社が設立されました。造林公社は、土地所有者から土地を無償で提供してもらった上で、公社が植林や植林地の管理を行い、成長した木を伐採して得た収益を土地所有者と公社で分け合うという仕組みで運営されています。この仕組みを利用して針葉樹の植林が一層進められました。

　しかしながら、針葉樹の植林が急速に進められたにもかかわらず、針葉樹の需要は減少していきます。その理由は、木材価格の高騰を受けて、1964年に木材の輸入が完全に自由化されたためです。これにより、価格が安い外国産の木材が市場に出回り、国内の木材価格は低迷しました。朽木でも、林業からの収入は大幅に減少しました。次第に、針葉樹を植えたにもかかわらず、場合によっては管理が十分に行き届かない（管理してもそれに見合う収入が得られない）という状況が生まれました。成長が早いスギなどの針葉樹であっても、建材などに利用するためには植林してから40年程度は必要です。したがって、この時代に植林したスギなどの人工林が、現在でも朽木の森林の半分を占めるような状況になっているのです。

　図1は、朽木における1960年と2000年の森林の構成割合を示したものです。

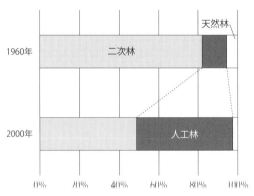

図1　1960年と2000年における朽木の森林変化
出所：農業センサスのデータをもとに作成。

46

1960 年には人工林の面積は 1,800ha、天然林は 800ha、広葉樹林は 1 万 1,900ha
であったのに対して、2000 年には人工林の面積が 7,300ha、天然林が 400ha、広
葉樹林が 7,300ha と推移し、人工林の割合が大幅に増加していることがわかりま
す。ここまで説明してきた通り、スギなどの針葉樹を主体とする人工林が急激に
増加し、薪炭林などとして利用されてきた二次林が減少してきたことが、データ
からも読み取れます。このように、山林利用は歴史的に変化を続けてきました。
それに応じて、山林の植生も変化し、現在の植生へと変化してきたのです。

4 源流域の森林が直面する課題とは？

　次に、朽木地域の森林が現在直面している課題について見てみましょう。上
述した 1950 年代以降の人々の暮らしの変容にともなう森林利用の変化によって、
地域の人々と森林の関係は大きく変わってきました。それまでは、薪炭材をはじ
めとした森林の資源が人々の生活の糧となってきましたが、木材の価格が急落し
た頃から、林業をはじめとした森林の利用は低迷し、少なくない人が転職を余儀
なくされました。同時に、都市化の進展にともなって山間部に位置する朽木から
多くの人が仕事を求めて都市部に移住し、人口減少が進んだのです。過疎・高齢
化が著しい現在の朽木地域では、林業を生業にする人々も、日常的に山を利用す
る人々も以前に比べて少なくなっているのが現状です。

　こうした山離れや人口減少といった問題は、地域に新たな変化を引き起こして
います。その 1 つが、獣害です。朽木では、集落にシカやイノシシ、サルなどが
頻繁に出現し、農作物が荒らされる被害が深刻化しています。また、これらの野
生動物は、農作物だけでなく、森林の植生にも影響を与えています。例えば、森
林は樹冠を構成する樹木の下に低木や草本といった下層の植生がみられますが、
現在の朽木の森にはいると、これら下層の植生はほとんど生育していません。残っ
ているのは、有毒性のアセビやユズリハなどに限られており、他の植物はシカな
どの野生動物に採食されているのです。下層の植生は、土壌侵食を予防する働き
を持っています。そのため、下層の植生がなくなれば、それらの機能は失われま
す。また、森林は絶えず世代交代を行いながら成立していますが、将来、高木・

写真3　朽木においてみられる「トチノキ巨木林」
出所：筆者撮影（2015年6月）。

巨木となるような樹木の生育も阻害されることによって、将来の森林の景観にも大きな影響を与えると考えられます。朽木だけでなく、日本各地の里山や原生的自然地域において、近年では獣害が森林の景観に大きな影響を与えている状況があります。

　野生動物が増加している背景として、住民と森林との関係が希薄化していることが挙げられます。すでに述べたように、かつて住民は山林の資源を利用するために頻繁に森林に入り、あわせて野生動物も貴重なタンパク源として利用してきました。そのため動物も、人間が暮らす空間や利用する空間となるべく重複しない範囲を行動圏としてきました。しかし山離れが進んだことや過疎化が進展したことなどにより、動物の行動範囲が人が暮らす集落にまで広がり、獣害が急増しているのです。

　住民と森林の関わりが希薄化したことによるもう1つの変化は、トチノキの巨木が伐採されていることです。トチノキは、大型の葉をつける落葉広葉樹で、日本の渓畔（けいはん）林にひろくみられる樹木です。トチノキがつける実（トチノミ）は、複雑なアク抜き処理を経て食用になり、縄文時代から日本各地で食べられてきました。特に、モチ米とあわせたトチモチは、山間部において主食の一部や救荒食（きゅうこうしょく）となってきたことが知られています。朽木でも、トチモチは古くから食され、近年では特産品として販売されています。朽木に暮らす人々は、薪炭材を切り出す際にも、トチノキを伐らずに残し、結果的に山中に巨木が多数残されてきました。

今では、これらの巨木がまとまって生育する「トチノキ巨木林」が朽木の多くの山中に残されていることがわかってきました（写真3）。

しかし、2010 年頃からトチノキの巨木が伐採され、そのことが新聞報道でも取り上げられました。朽木の山林の大部分は民有林であり、巨木の所有者は伐採業者と自由に売買の契約を結ぶことができます。木材価格の下落により現金稼得源としての山林の役割が低下している一方、希少なトチノキの巨木はテーブルや高価な内装材として需要があります。山離れが加速していく中で、これまで地域の重要な資源であったトチノキが日常の暮らしとはかけ離れてきたことで、売却してしまったのかもしれません。

こうした状況を受け、全国的にも貴重なトチノキ巨木林を守るために、地域住民だけでなく、地域外の人々も参加して保全活動が展開しています。滋賀県による「巨樹・巨木の森整備事業」という支援策も実施されており、行政も含めた広域的なネットワークのもとでの保全活動が活発化していきました。また、トチノキは地域活性化に活用されています。例えば、トチノキの保全団体が主催する「栃の木祭り」が毎年1回開催され、トチモチの餅つきや販売、巨木林ツアーなどが実施されています。こうしたイベントには、京都や大阪といった都市部の人も参加しており、より多くの人が淀川源流域の自然環境を知る貴重な機会になっています。トチノキの「伐採」と「保全」に対する個々の住民の思いはさまざまであり、問題は複雑ですが、現在の朽木における人と森林の関係を端的に表している現象であると考えられます。

5 「森林の豊かさ」を見出すために

ここまで、琵琶湖・淀川水系の源流域である朽木を事例として、地域住民と森林の関係、それにともなう森林の変化を概観してきました。最後に、「豊かな森林」とはどのようなものなのかを考えてみましょう。

朽木の森林は、その多くが長い年月のなかで人と関わりあって成立してきたものです。木材や木炭の生産のために利用されたり、水田や畑の肥料を得るために利用されるなど、森林は地域住民にとって、経済的に重要でした。また、トチノ

キを伐採してこなかったことにも表れているように、木材以外にも木の実を利用するなど、生活文化の観点からみても重要でした。これらのすべてが、地域住民にとっての「森林の豊かさ」の内実であり、それは一義的なものではなく、多面的な機能や役割の総体であるといえるでしょう。

しかしながら、「森林の豊かさ」は、時代によって、あるいは社会の情勢に影響を受けて、変化してきました。例えば、戦後の木材価格の上昇や針葉樹の需要増加を受けて、広葉樹が主体であった朽木の森林の約半分がスギやヒノキの人工林へと変貌しました。人工林への転換は、朽木だけでなく全国でほぼ同時期に起こっています。スギ・ヒノキの人工林は、現代病ともいわれる花粉症の原因にもなっており、現在ではスギ林やヒノキ林は忌避される存在になってさえもいますが、当時スギやヒノキを植栽した時代の人々にとって、これらは経済的な価値を生み出すものであり、「豊かな森林」であったと考えられます。

また、近年では山離れが進み、山を直接的に利用する機会が少なくなっており、獣害やトチノキ巨木の伐採などの問題が起こっています。伐採に端を発するトチノキ巨木の保全活動の中で、朽木のトチノキ巨木林の価値も変化していったと考えられます。かつて、トチノキは、地域住民の生活や文化のなかでのみ価値を持つものでした。それが保全の対象へと変化するなかで、他地域の人を巻き込む形で、生物多様性や地域活性化の観点から価値を持つものになっています。このように、トチノキの伐採を契機に活発化した保全運動のなかで、朽木の「森林の豊かさ」の意味はさらに変化し、下流の都市部に暮らす人からも見直されているのです。

SDGsで謳われている「生態系の豊かさ」やそれを「保全する」ことは、一見、わかりやすくシンプルなように思えます。しかし、それがどのような豊かさなのか、誰にとっての豊かさなのかを考えていくと、それに答えることは非常に難しい作業であることがわかります。グローバルな価値基準のもとで目標を立て、それに向けて行動することが大切であることは間違いありません。しかし、そこで思考を停止するのではなく、そのなかで隠れてしまいがちな、ローカルな地域の現状や歴史、地域住民の取り組みにも目を向ける必要があります。そして、地域によって異なる「森林の豊かさ」を見出し、そこから地域によって異なる課題の

解決方法を考えていくことが大切なのではないでしょうか。（手代木功基）

参考文献

小椋純一『森と草原の歴史——日本の植生景観はどのように移り変わってきたのか』古今書院、2012年

コンラッド タットマン『日本人はどのように森をつくってきたのか』築地書館、1998年

武内和彦・鷲谷いづみ・恒川篤史（編）『里山の環境学』東京大学出版会、2001年

水野一晴・藤岡悠一郎（編）『朽木谷の自然と社会の変容』海青社、2019年

湯本貴和・松田裕之（編）『世界遺産をシカが喰う　シカと森の生態学』文一総合出版、2006年

第 **4** 章

淀川上流に新たなダムは必要か？

洪水被害から人びとのくらしを守る

Key Word

大戸川ダム建設計画、治水、上下流対立、瀬田川洗堰、天ヶ瀬ダム再開発事業、流域治水、国際河川メコン川

SDGs の目標 　　目標 6 （安全な水とトイレを世界中に）
　　　　　　　　　　目標 13 （気候変動に具体的な対策を）

STEP1　どんな課題があるの？

明治以降、日本では高い堤防をつくり、大雨時に、すべての水を川の中に閉じ込める政策がとられてきました。しかし近年、気候変動の影響で雨の降り方が激しくなり、川が氾濫する事態が生じています。こうした事態への対策として、淀川の上流部にダムを新たに建設することは果たして妥当でしょうか。

STEP2　SDGs の視点

目標 6 （安全な水とトイレを世界中に）：すべての人々が水と衛生施設を利用できるようにし、持続可能な水・衛生管理を確実にする。
〈ターゲット 6.5〉2030 年までに、必要に応じて国境を越えた協力などを通じ、あらゆるレベルでの統合的水資源管理を実施する。

目標 13 （気候変動に具体的な対策を）：気候変動とその影響に立ち向かうため、緊急対策を実施する。
〈ターゲット 13.1〉すべての国々で、気候関連の災害や自然災害に対するレジリエンスと適応力を強化する。

STEP3　めざす社会の姿

上流部に洪水調節用のダム（大戸川ダム）を建設することにより、淀川水系における洪水対策をめぐる上下流対立の緩和が期待されます。しかし、あらゆる場合にダム建設が最善の策であるとは限りません。今日では、流域のさまざまな既存の施設・設備をフル活用して、国だけでなく、都道府県、市町村、企業、住民が一致協力して流域全体で洪水を受け止める「流域治水」の考え方が注目されています。

1 ダム建設のメリットとデメリットは？

ダムが必要とされる理由

　ダムの目的には、治水と利水（発電を含む）があります。治水とは、洪水時の河川の水位を下げて水を下流に安全に流すことをいいます。明治期以降の近代の治水対策は、堤防を途切れなく河川沿いに建設すること、曲がりくねった河川を直線化することでした。こうした対策は、大雨時、土の堤防への負担をできる限り少なくするため、洪水を少しでも早く海へと流すことに主眼が置かれてきたことにあります。しかし、戦後の水害の多くは、このような明治以来の治水対策をかいくぐるものでした。そこで、水害への対応策の1つとして登場したのがダムなのです（高橋裕『国土の変貌と水害』岩波書店、1971年、124-127頁）。

　ダムをつくれば、上流で水を貯めることができるので、大雨時、ダム下流の河川の負担が軽減され、水害が減るというのがダム建設の治水上の理由とされてきました（天野礼子『ダムと日本』岩波書店、2001年、36頁）。現在、日本にはおよそ2,500を超えるダムが造成され、建設中あるいは計画中のダムは200近くあります。このように、水害から私たちの身と安全を守ってくれるダムは、SDGsとの関連でいえば、目標11（住み続けられるまちづくりを）の達成に欠かせません。

ダムの弊害

　ダムの問題点として、ダムがつくられることによって自然の物質循環が遮断されることが挙げられます。山・川・海は自然の相互作用によって豊かな環境を織りなしています。山で浸食される土砂が下流に流され、川の瀬や淵を形成したり、氾濫して平野を形成する自然の作用があります。上流から流れ出る落ち葉などは、海を豊かにする栄養をもたらします。また、アユやサケなどが遡上することを通して、海のミネラルが山に戻されるという作用もあります。このように、ダムは自然の作用を遮ってしまうことが問題視されています（大熊孝『洪水と水害をとらえなおす』農文協、2020年、69頁）。

　これをSDGsとの関連で見てみると、ダムは、目標14（海の豊かさを守ろう）（特

に〈ターゲット 14.2〉「海洋・沿岸の生態系を持続的な形で管理・保護する。また、健全で豊かな海洋を実現するため、生態系の回復に向けた取り組みを行う。」）や目標 15（陸の豊かさも守ろう）（特に〈ターゲット 15.1〉「陸域・内陸淡水生態系とそのサービスの保全と回復、持続可能な利用を確実なものにする」）の実現を阻害することがあるのです。

　高度経済成長期（1955〜73 年）、日本では大型ダムが続々と建設されました。その際、水没地域の住民は強制的に立ち退かされました。筑後川の下筌ダム・松原ダムの建設にともなって生じた「蜂の巣城闘争」（1958〜71 年）は、激しい住民の抵抗運動を象徴するものでした。ダム建設は、そこで生活を営んでいる村落の移転と補償という困難な社会問題を引き起こすのです。このように、巨大な構造物であるダム建設の裏側には、立ち退きを余儀なくされる住民の存在を私たちは忘れてはいけません。これは、SDGs では目標 11 で注意が払われています（特に〈ターゲット 11.5〉「弱い立場にある人々の保護に焦点を当てながら」の記述）。

治水ダム再評価の動き

　ところで、最近、日本列島は猛烈な台風や豪雨に襲われ、河川の氾濫などにより大きな被害が生じるようになってきました。この 30 年間で、時間雨量が 50mm を上回る大雨の発生件数は約 1.4 倍に、80mm を超える猛烈な雨は約 1.7 倍に、さらに 100mm を超える豪雨の発生回数も約 1.7 倍に増加しています。

　こうした現象には、気候変動が影響しているといわれています。気候変動の進行によって、今後さらに気候が不安定化することになると予想されます。気候変動対策の重要性は、SDGs の目標 13「気候変動に具体的な対策を」で認識されています。そのようななか、旧来型の公共事業の象徴的存在として見直しが課題となってきたダムをめぐり、再びその役割を評価する動きが出てきています。つまり、気候変動時代の河川の洪水対策（ダム）には、SDGs の目標 13 と 11 が深く関係してくるのです。

2 凍結中の大戸川ダム建設計画が再始動？

大戸川ダム建設計画をめぐる最近の状況

　琵琶湖に流入した水は、一時的に琵琶湖に貯められた後、唯一の自然流出河川である瀬田川から、天ヶ瀬ダムで宇治川と名前を変え、京都府の山崎付近で木津川、桂川と合流し、淀川となって大阪湾に注いでいます（図1）。

　以下では、瀬田川の支流である大戸川に国が計画する治水ダム、大戸川ダムの建設計画について見ていきます。国土交通省近畿地方整備局は、2021年2月12日、近畿2府4県と調整会議を開き、国が建設を凍結している大戸川ダムについて、

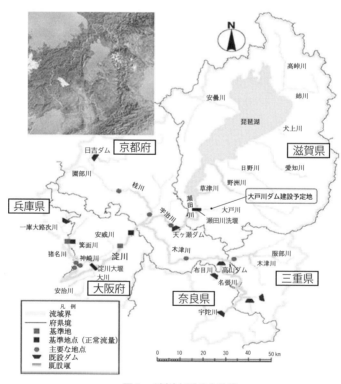

図1　淀川水系の全体像
出所：国土交通省ウェブサイトをもとに筆者作成。

着工に向けた手続きが再び動き出すことになりました（「大戸川ダム、着工へ動き出す」『朝日新聞』（夕刊）、2021 年 2 月 12 日）。ダムの事業費は約 1,080 億円です。国が 7 割を負担し、大阪、京都、滋賀の 3 府県で残り 3 割を負担します。氾濫が生じた場合に影響を受ける世帯数などに応じて、負担割合は、大阪が約 58%、京都が約 40%、滋賀が約 3% となります。

大戸川ダム建設をめぐる紆余曲折

　大戸川ダムは 1968 年、治水（洪水を防ぐ）、利水（飲み水を供給する）、発電（電力を生み出す）の多目的ダムとして計画されました（表 1）。しかし、1990 年代、長良川河口堰に代表されるように、ダム・堰などの河川計画への反対運動が激化しました。公共事業見直し政策によりダム建設中止が相次いだのも丁度この頃です。住民の意見をどのように河川事業計画に反映させるかが、行政にとって重要な課題となりました。そこで、河川を管理する国は、流域住民の意見を聴くために、1997 年に改正された河川法（改正河川法）に基づいて流域委員会を設置しま

表 1　大戸川ダムをめぐる経緯

1968 年	国が建設を計画
1989 年	利水、治水、発電の多目的ダムとして建設事業採択
1998 年	水没する大鳥居地区の移転完了
2003 年	国の第三者機関「淀川水系流域委員会」が、水需要の減少や自然環境への影響から「中止を含む抜本的な見直しが必要」と意見書をまとめる
2005 年	国が建設計画を凍結
2006 年	「ダム凍結」を掲げた嘉田由紀子氏が滋賀県知事に初当選
2007 年	国が凍結を撤回。治水専用の穴あきダムとする計画原案発表
2008 年 11 月	大阪、京都、滋賀、三重の 4 府県知事が優先順位が低いなどとして反対を表明
2009 年 3 月	国が再度、建設を凍結
2014 年 7 月	三日月大造知事が滋賀県知事に初当選
2019 年 4 月	三日月知事が「ダムが必要」として建設容認を表明
2020 年 7 月 〜 2021 年 2 月	淀川水系関係 6 府県調整会議で河川整備計画の変更手続きを進めることを了承
2021 年 4 月	国が、淀川水系河川整備計画の変更案をまとめる（大戸川ダム本体工事の実施を含む）

出所：「大戸川ダム、着工へ動き出す」『朝日新聞』（夕刊）、2021 年 2 月 12 日をもとに筆者作成。

した。環境の専門家や、河川事業に好意的とはいえない者を含む専門家を委員とすることによって、流域の意見を取り入れることが目指されました。

　琵琶湖・淀川に設置された淀川水系流域委員会は、2003年、「ダムは原則として建設しない」とする提言をまとめ、注目を集めました。これを受けて、国は2005年、大戸川ダム建設計画を凍結しました。

　しかし、国土交通省の抵抗もあり、2007年大戸川ダムは「穴あきダム」（ダムの堤体に洪水を流すための穴が空いている治水専用のダムのこと）として再構想されました。これに対して、2008年、当時の滋賀、大阪、京都、三重の4府県知事は、優先順位が低いなどとして建設反対を表明しました。そこで国は2009年、再び建設計画を凍結しました。

　ところが、2013年に台風18号によって桂川が氾濫するなど、京都府を中心に甚大な被害が発生し、その後も西日本豪雨（2018年7月）など全国的に災害が相次ぎました。そうしたなか、2019年に現在の滋賀県知事が洪水対策に一定の効果があるとして建設容認に転じ、2020年に入って大阪と京都の両知事も容認の考えを示しました。

　そのうえで、2020年7月から21年3月にかけて、淀川水系関係6府県調整会議が開催され、関係府県知事は豪雨の激甚化・頻発化を踏まえ、現行の河川整備計画の変更手続きを進めることを了承しました。これを受けて、国は正式に淀川水系河川整備計画の変更作業に着手しています。変更予定の計画では、大戸川ダムについては、「必要な調査等を行ったうえで本体工事を実施する」方針が打ち出されています（国土交通省近畿地方整備局「淀川水系河川整備計画（変更案）令和3年4月28日」69頁）。

3　淀川水系における上下流対立とは？
——大戸川ダム建設の議論の前提

琵琶湖・淀川水系における治水対策の特徴

　大雨の際、琵琶湖は、下流を洪水から守る調整池としての役割を果たしてくれます。それゆえ、琵琶湖流域はこれまでたびたび水害に悩まされてきました。琵琶湖流域は降雨の状態によっては氾濫しやすい地形になっており、大雨が続くと

写真 1　瀬田川洗堰
出所：国土交通省近畿地方整備局琵琶湖河川事務所ウェブサイトより転載。

湖水位が上昇して浸水被害を引き起こします。琵琶湖に直接流入してくる河川は、姉川、安曇川、野洲川などの一級河川だけでも 118 本を数えます。

　これに対し、琵琶湖から流出する河川は瀬田川だけです。琵琶湖周辺の洪水を防ぐには、唯一の流出河川である瀬田川の流量を増やす必要があります。しかし、流量が増えすぎると下流淀川の氾濫危険度が増大するという難しい問題を抱えています。

　1885 年（明治 18 年）の洪水をきっかけに、わが国初となる近代土木技術を導入した本格的な治水対策「淀川改良工事」が行われました。その 1 つが 1905 年（明治 38 年）に完成した「南郷洗堰」です。

　南郷洗堰は、上流と下流の異なる利害を調整するために重要な役割を果たしています。瀬田川を浚渫（水底をさらって土砂などを取り除くこと）し、川幅を広げるとともに、そこに巨大な堰を設置することで、琵琶湖の水位を安定させ、下流の宇治川および淀川の流量を調節するというものです。1961 年には「瀬田川洗堰」が完成し、それまでは人力で行われていた開閉操作が機械化されました（写真1）。

瀬田川洗堰の開閉操作をめぐる上下流対立

　洗堰の開閉操作はどのように行われているのでしょうか。大雨の時、琵琶湖の面積は広いため、河川に比べ水位は緩やかにしか上昇しません。淀川本川の洪水は、主に台風による宇治川、木津川、桂川の流量増加が原因で起こります。琵琶湖の水位が最高になるのは、淀川本川（枚方地点）の流量がピークをすぎて減少

し始めた後です。この時間差は約1日という自然的特徴があります。洗堰はこの時間差を利用して、まず洗堰で淀川への放流量を制限します。その後、淀川の水位が下がってきたら、洗堰を開けて水を流し、琵琶湖の水位を下げる調整を行います。こうした洗堰での水位管理は、1992年3月に制定された瀬田川洗堰操作規則に基づいて行われています。

　しかし、規則制定までに洗堰完成から実に88年もの歳月を要したという事実が、上下流の利害の激しい対立を物語っています。大雨時、上流（滋賀県）は、琵琶湖があふれるので洗堰を開けてほしいと強く要望してきました。これに対し、下流（京都府・大阪府）は、宇治川、淀川があふれることを心配し洗堰を閉めてほしいと抗議するのです。つまり、下流への洪水を避けようとして洗堰を絞れば琵琶湖沿岸に浸水が起き、その浸水被害を軽減しようと洗堰を緩めれば下流の洪水リスクが増加することになるのです（中村正久「淀川水系における上下流関係と河川整備計画の策定」大塚健司編『流域ガバナンス』日本貿易振興機構アジア経済研究所、2008年、159-160頁）。

　現在の洗堰操作規則は、下流の天ヶ瀬ダムの放水量が毎秒840トンを上回る流入量になった場合は全閉するよう定めています。全閉操作は、記録的な大雨になった場合、上流の滋賀県を犠牲にして、京都府・大阪府の住宅などが密集する下流域を守るために、国が瀬田川洗堰を完全に閉めるというものです。これを「瀬田川洗堰の全閉操作」と呼びます。琵琶湖・淀川水系の治水の主要な部分は、すべてこの瀬田川洗堰の操作に左右されてきたといっても過言ではありません。

洗堰と天ヶ瀬ダムの連携操作による洪水調節機能の強化

　天ヶ瀬ダムは、瀬田川洗堰と連携して操作を行うことにより、洪水調節機能を強化し、下流地域を洪水から守る役割を果たしています（写真2）。

　具体的には、連携操作は次のように行われます。淀川流域では、まず下流に雨が降り、後に上流が雨に見舞われるという自然の特徴があります。そこで、下流が大雨の時に、洗堰は、天ヶ瀬ダムの洪水調節が最大限発揮できるように全閉にします。そして、下流の大雨がおさまった後、上流での雨に備えて、天ヶ瀬ダムでは放水を行い（最大放水量毎秒900トン）ダム貯水位を低下させます。その間、

写真 2　天ヶ瀬ダム
出所：株式会社大林組ウェブサイト。

洗堰では放流量を最大放水量毎秒 300 トンに増加します。こうして琵琶湖の水位を低下させて、上流の大雨に備えることで、上流と下流双方の負担（洪水の危険）を減らそうとしているのです。

　現在、天ヶ瀬ダムの洪水調節機能の一層の強化のために、トンネル式放流設備が建設中です（天ヶ瀬ダム再開発事業）。トンネルをつくり放流能力を現在の最大毎秒 900 トンから最大毎秒 1,500 トンに増強し、より多くの水を下流に流すことで、琵琶湖の水位を早く下げる計画です。

現在もなくならない上下流対立

　瀬田川洗堰の全閉操作による上流滋賀の警戒心は今も薄れてはいません。滋賀県は、最近でも、「瀬田川洗堰の全閉操作の解消については、上下流の社会的な平等の観点から重要であり、下流に影響を及ぼさない範囲で、原則として瀬田川洗堰の全閉操作は行わないこととされている淀川水系河川整備基本方針を尊重し、その実現に向けて早期に取り組まれたい。」と要望しています（「淀川水系における更なる河川整備の意見照会について（回答）」『滋広政』45 号、2020 年、2 頁）。

　京都府と大阪府の立場も同じではありません。現在、琵琶湖・淀川水系でもっとも水を流す能力が不足しているのは桂川です。京都府は、桂川の拡幅と堤防の強化を国に要望しています。しかし、桂川を強化すれば、多くの水が今度は淀川

本川に流れていきます。すると大阪府は、淀川の水位上昇の問題を懸念するわけです（古谷桂信『どうしてもダムなんですか？』岩波書店、2009 年、143 頁）。

4 大戸川ダムは必要か？
——上下流対立の解消をめざして

　では、大戸川ダムは、上下流対立の解消にどのように貢献するのでしょうか。上流部の流下能力の向上対策として、現在、国が進めている事業の１つが桂川の河床掘削[かしょう]です。しかし、これにより以前にも増して川の中に水が閉じ込めやすくなるので、淀川枚方地点の流量が増加することになります。このため、今度は宇治川の流量を抑制する必要があります。宇治川の流量を絞る役割は天ヶ瀬ダムが担っています。けれども、天ヶ瀬ダムだけでは、いざというとき（猛烈な雨）に対応できない可能性があります。そのため、瀬田川洗堰と天ヶ瀬ダムの連携操作にプラスして、大戸川ダムで洪水を貯めることで、宇治川に流れ込む流量を調節しようというわけです。

　要するに、大戸川ダムが建設されることにより、瀬田川洗堰の全閉操作解消および天ヶ瀬ダムの負担軽減に貢献できるということです。大戸川ダムは上下流対立の緩和に一役買うことになるでしょう。実際、国による最近の調査では、上下流双方の自治体が大戸川ダムの建設を支持していることが明らかとなりました。

　しかし、すでに述べたようにダムにはさまざまな弊害があることを忘れてはいけません（本章第１節「ダムの弊害」を参照）。ダム建設には多大の費用もかかります。環境への影響も懸念されます。景観も阻害されるでしょう。さらには、ダムはダムより上流に降った雨を貯めるだけなので（その場合もダムの決壊などを防ぐために行われる異常洪水時防災操作が下流の急激な水位上昇を招くおそれがある）、近年増えている下流でのゲリラ豪雨には無力です。こうしたことを総合的に考慮したうえで、各地域の実情に合わせて適切な対応がとられる必要があります。これを実践する概念として、今日では、流域のさまざまな既存の施設・設備をフル活用して、国だけでなく、都道府県、市町村、企業、住民が一致協力して流域全体で洪水を受け止める「流域治水」の考え方が注目されています（第１章および第５章を参照）。

　さいごに、大戸川ダムの建設は、洪水対策をめぐる上下流対立解消の観点から妥当であるかについて考えてみましょう。気候変動の進行に伴い洪水の危険性が以前にも増して高まってきているなか（SDGs の目標 13 への対応の必要性）、大戸川ダムの淀川下流域への治水効果として、これまで述べてきたように、洪水氾濫防止効果（大戸川ダムの洪水調節により淀川本川の水位を低減させる効果）が見込まれています。またそれだけでなく、約 1,080 億円という同ダムの建設費用に比べ、経済被害防止効果は大阪府下に限ってみても約 8.9 兆円と試算されています（大阪府都市整備部河川室「大戸川ダムの大阪府域への治水効果について」令和 2 年度大阪府河川整備審議会資料 1)。さらに、同ダム計画はその構造を「穴あきダム」としたことで、ダムの環境への影響（SDGs の目標 14 と 15）も限定的となりました。ダム水没予定地の集落はすでに全戸移転が完了しています。こうしたことを総合的に勘案すると、大戸川ダムに限ってみれば、建設されるべきであると考えられます。

　次節では、海外のダム、とりわけアジアのメコン川にも目を向けてみたいと思います。

5 淀川水系からアジア・メコン川流域のダム開発について考える

いま、メコン川で何が問題になっているのか？
──淀川との類似点・相違点

　メコン川は世界で 8 番目に大きな川です。世界で最も豊かな生態系をもつ川の 1 つでもあります。メコン川は中国を源流とし、中国国内を流れる部分は「瀾滄江」と呼ばれています。この川は 6 か国を流れ、流域内 6,000 万人の生活を支えています。チベット高原の氷河雪解けを源流とし、中国雲南省を流れ、東南アジアに流れ込み、ミャンマー、ラオス、カンボジア、タイを経て、ベトナムで南シナ海に注ぎます。

　中国は、1990 年代以降、現在までに、国内の電力需要に対応するため、雲南省の瀾滄江本流に 11 基の水力発電用ダムを建設しました。経済発展が急速に進

行しているメコン川では、最上流国である中国による他の流域国への対応が注目を集めています。とりわけ、最近では、毎年のように、下流のタイやベトナムで水不足が問題になっています。その主な原因として、ダムを管理する中国が下流への水の流れを制限しているからだとの見方が強まっています（中山幹康・大西香世「国際河川流域国家としての中国の虚像と実像」『アジ研ワールド・トレンド』122号、2005年、23頁）。

ダム開発に伴う問題は、これまで淀川をはじめ日本全国にありました。ただ、メコン川が6,000万人の生活に影響を与えていることを考えると、そこでのダム開発は、日本の河川にダムをつくる場合と比べて、はるかに大きな影響を人々の生活に及ぼしそうです。淀川では、よく滋賀県民が京都府民や大阪府民と言い争いをする際に「琵琶湖の水止めたろか」と発言する、いわゆる「滋賀ジョーク」をご存じでしょうか。しかし、すでに説明したように、瀬田川洗堰は、国が管理しており、1992年の規則に基づいて放水量が調整されているので、滋賀県の判断で堰を閉めることはできないのです。

他方、メコン川は複数の国にまたがっています。そのため、正式な決まり（条約）がなければ、各国は基本的には自国の利益を追求することが考えられます。上流国は、水が少なくなれば放水量を制限し、大雨が降れば放水量を増やすでしょう。つまり、淀川とメコン川の違いは、上下流の利害を調整するための決まりや組織が存在するかどうかという点にあります。現在のところ、メコン川には流域全体を管理する条約や第三者機関が存在しないのです。これがメコン川の持続的な利用に関し、流域諸国（とりわけ下流諸国）が抱く最大の懸案事項なのです。

どのような協力枠組みで進めるのか？──中国の影響力拡大

それでは、現在、メコン川に存在する条約や機関にはどのようなものがあるのでしょうか。主に次の2つが注目されています。1つ目は、1995年に下流4か国（タイ、ラオス、カンボジア、ベトナム）の間で締結された「メコン川流域の持続可能な開発のための協定」です。この条約は、流域国間の協力体制として「メコン川委員会」（MRC）を組織しました。しかし、中国はこの委員会に加盟する利益を見出せず、現在に至るまで正式には加盟していません。

　2つ目は、2016 年、中国が経済圏構想「一帯一路」の一環として組織した枠組み「瀾滄江＝メコン川協力」（LMC）です。この枠組みは、渇水の影響を緩和するためのインフラ計画や、メコン川の将来のビジョンを提案するもので、下流のすべての国が参加しています。こうした中国の動きに対し、アメリカは、中国にメコン川を任せれば、これまで地域開発を支援してきた MRC が弱体化するとして警戒しています。

メコン川流域の持続可能な開発はどのようにして可能になるのか？

　メコン川下流域では、近年、渇水と洪水が頻繁に生じるようになっており、農業や漁業に深刻な影響を及ぼしています。気候変動、人口増加、工業化、その他の開発問題がこの課題を複雑化させています。こうした影響に早急に対処するために、MRC は、中国に対して、次のように改善を求めています。①ダムの放水量データや中国に設置されている水文気象データを常時共有すること、②ダムの水門管理を MRC と共同で行うこと、③ダム下流の航行の安全確保のため、連携して堆砂の除去作業を行うこと、④共同管理メカニズムを立ち上げ、流域の管理を行うこと、です。

　以上のような MRC の要求が中国の協力によってどこまで実行に移されるかが今後注目されるところです（SDGs の目標 6〈ターゲット 6.5〉国境を越えた協力を含む統合的水資源管理の実現に関連）。淀川とメコン川に共通していえることは、ダム建設には、必ずメリットとデメリットの両方があることです。ゆえに、ダム建設の妥当性の可否は、さまざまな要素を総合的に考慮したうえで、流域全体においてメリットがデメリットを上回っているかどうかによって判断される必要があります。（鳥谷部壌）

　［謝辞］本章の執筆にあたり、とりわけ、竹門康弘先生（京都大学防災研究所 水資源環境研究センター 准教授）より、有益な資料および知見を提供頂きました。ここに厚く感謝申し上げます。なお、本章は、公益財団法人 旭硝子財団 2020 ～ 2021 年度サステイナブルな未来への研究助成「共有水資源の持続的利用のための国際法理論の再構築」および日本学術振興会科研若手研究（課題番号：20K13336）の成果の一部であることを追記いたします。

参考文献

鳥越皓之編『里川の可能性』新潮社、2006年

嘉田由紀子・古谷桂信『生活環境主義でいこう！』岩波書店、2008年

高橋裕『川と国土の危機』岩波書店、2012年

①　治水事業にみる日本の国際貢献

　わが国は、第二次世界大戦後、「平和主義」を掲げ、国際社会の平和のために積極的に貢献することを誓いました。そして特に、発展途上国に対する開発援助を通して、その理念を実現しようと努めてきました。

　援助事業には、さまざまなものがありますが、「治水事業」に関する援助は、直接その地域で暮らす人々の生命の安全や生活基盤の安定・強化につながる重要な事業の１つです。

　一例を挙げますと、フィリピンの首都マニラを流れるパッシグ・マリキナ川の治水事業への援助があります。フィリピンは世界で最も自然災害の多い国の１つですが、マニラ首都圏は、沿岸低地であるために、水害を受けやすい地域です。その地域を南北に分断するパッシグ川とその最大支流のマリキナ川は、これまで何度も大規模な洪水や氾濫を引き起こし、大きな被害をもたらしてきました。わが国は、この治水事業に対して、1973 年以米、数次にわたって政府開発援助による支援を実施してきています。

　これまでわが国は、豊かな水資源から恩恵を受ける一方で、数多くの水害を経験してきました。そして、先達のたゆまぬ努力と研鑽により、世界に誇る治水技術をもつようになりました。地球温暖化が進み、各地で異常気象が頻発する今日、自然災害の経験で培われた優れた知識や技術が、世界の人々の平和な暮らしのために、大いに役立っています。（河原匡見）

第 5 章

災害激甚化時代における洪水防御のあり方とは？

流域治水という考え方の登場

Key Word

気候変動、災害激甚化時代、減災、流域治水、霞堤、滋賀県流域治水条例

SDGs の目標	目標 11（住み続けられるまちづくりを） 目標 13（気候変動に具体的な対策を）

STEP1　どんな課題があるの？

近年、国内外で異常気象が頻発しています。そのため、淀川水系でも洪水被害が頻発するようになっています。これまで国は、多額の費用を投じて、河川改修や堤防・ダムの整備に注力してきました。しかし、毎年のように発生する豪雨災害により、川の中に水を完全に閉じ込めるという近代技術主義の限界が露呈し始めています。では、わたしたちは、いかにしてこの災害激甚化時代を乗り越えていけばよいのでしょうか。

STEP2　SDGs の視点

目標 11（住み続けられるまちづくりを）：都市と人間の居住地を包摂的、安全、強靱かつ持続可能にする。
〈ターゲット 11.5〉2030 年までに、貧困層や弱い立場にある人々の保護に焦点を当てながら、水関連災害を含め、災害による死者や被災者の数を大きく減らし、世界の GDP 比における直接的経済損失を大幅に縮小する。

目標 13（気候変動に具体的な対策を）：気候変動とその影響に立ち向かうため、緊急対策を実施する。
〈ターゲット 13.1〉すべての国々で、気候関連の災害や自然災害に対するレジリエンスと適応力を強化する。

STEP3　めざす社会の姿

気候変動が進むなかで、もはやコンクリートだけでは水を閉じ込めきれなくなっています。これからの治水政策は、従来の方針を大きく転換して、川があふれることを前提としたものにする必要があるでしょう。そうしたなか、国は、水害の激甚化に対処するために、流域のさまざまな既存の施設・設備をフル活用し、都道府県・市町村・企業・住民と協力して流域全体で洪水を受け止める「流域治水」の考え方を打ち出しました。

1 気候変動時代の到来

　国連気候変動に関する政府間パネル（IPCC）は、第5次評価報告書（2013〜14年公表）において、地球の温暖化には疑いの余地がないこと、21世紀末までに極端な降水がより強く頻繁となる可能性が非常に高い地域があることなどを示しました（環境省編『環境白書（令和元年版）』日経印刷、2019年、32頁）。気候変動に伴う降雨の増加や海面水位の上昇などによる水災害の頻発化・激甚化が懸念されています。気候変動の影響への対策はSDGsでは、目標13でとらえられています。

　近年、豪雨によって洪水が氾濫危険水位を超過したり、河川整備の目標とする計画規模を超過したりすることが多く見られるようになっています。「平成29年7月九州北部豪雨」、「平成30年7月（西日本）豪雨」、「令和元年東日本台風」、「令和2年7月（熊本）豪雨」と、毎年のようにこれまでの記録を上回るレベルの豪雨災害が発生しているのです。

　淀川水系も例外ではありません。洪水被害が頻発するようになっています。近畿地方を襲った「平成25年台風18号」は、近畿の広い範囲で被害を生じさせました。桂川や琵琶湖周辺は氾濫し、また、宇治川では氾濫の危険が高まり、瀬田川洗堰が41年ぶりに全閉されました。「平成29年台風21号」は主に木津川周辺に浸水被害を出しました（洗堰の全閉操作も行われました）。翌年の「平成30年7月（西日本）豪雨」は桂川や琵琶湖で浸水被害が生じました。このように、淀川流域は今や洪水と隣り合わせの状況なのです。気候変動の影響により、降雨は今後さらに激化すると予想されています。こうしたことから、淀川はもちろん、日本中の河川は、時代の大きな転換期を迎えているといえます（嘉田由紀子「水害多発の時代に命を守る」『世界』930号、2020年、108頁）。

2 明治以降の日本の河川管理政策の問題点

　近代土木技術の発展により、それまで改修できなかった川が改修され、開発し

えなかった低湿地が開発され、生産性の低い地域が安定化し、人口の爆発的増加をもたらしました。しかし、以前なら高さが足りずに越流氾濫していたような箇所や、堤防が未整備だった区間に十分な高さの堤防が整備されると、それまでは氾濫していた水がそのまま下流に流れるようになり、下流の洪水リスクが増大することになります（沖大幹『水危機ほんとうの話』新潮社、2012 年、206 頁）。

　こうした水害に対処するために、再び下流の堤防を強化しなければならず、下流が改修されればそれに見合った上流の改修というように、堤防のかさ上げと河道の改修が繰り返されてきました。そうして、川があふれることを前提とした対策が徐々に忘れ去られ、一滴の氾濫も許容しない構造になっていきました（大熊孝「いままでの治水、これからの治水」天野礼子編『21 世紀の河川思想』共同通信社、1997 年、106-108 頁）。

　要するに、明治以降の日本の治水政策の問題点は、堤防やダムを築くことそれ自体が目標になっていたことにあります。本来、堤防やダムは決して目的ではなく、あくまでも水害被害を最小にするための手段にすぎません。もちろん近代技術や河川工学の知識を応用した対策は必要です。けれども、気候変動が進行するなか、これからの治水のあり方として、ダムや堤防といった近代技術だけに頼らない対策にシフトチェンジしていかなければならない時代がきているのです。水害はゼロにはできません。住民の側も社会の側も流域全体として水害を減らすという考え方が求められています。これを「減災」といいます。

　こうした考え方はSDGsとも矛盾するものではありません。これまで日本は、目標 9（産業と技術革新の基盤をつくろう）に力を注ぎ、強靭なインフラ整備（堤防や河川改修）により、川の中に水を閉じ込める政策をとってきました。しかし、気候変動時代に突入し、次第にその政策には限界があることが分かってきました。現在、SDGs の目標 13（気候変動に具体的な対策を）の達成に向けて、追加の具体的対策が求められています。この対策の主軸が減災という考え方です。減災の重要性は、SDGs の目標 11（住み続けられるまちづくりを）（特に〈ターゲット 11.b〉「あらゆるレベルで総合的な災害リスク管理を策定し実施する」）に読み込むことができます。

3 よみがえる近代以前の治水技術

　江戸時代には、大雨の時には河川から水があふれることを前提にした治水対策がとられていました。具体的には、被害が相対的に少ない場所を選定し、積極的に氾濫させる方法です。氾濫させる際にも、洪水流がぶつかる場所を避け、堤防沿いに樹木帯をめぐらせ、簡単に破堤しないように堤防の土質や表面に工夫を凝らし、静かに越流氾濫させていました。この堤防沿いの樹木帯は「水害防備林」と呼ばれるもので、洪水がそのなかを通過するとき流勢が弱められ、大きな土砂礫が落とされ、細かい粒子を含んだ水のみ静かに氾濫させる作用を有しています（大熊孝「いままでの治水、これからの治水」天野礼子編『21世紀の河川思想』共同通信社、1997年、105頁）。

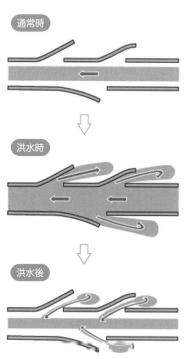

図1　霞堤の仕組み
出所：国土技術政策総合研究所ウェブサイト。

　古くからの治水の方法として、堤防に切れ目を設け、本川の水を脇に逃がす「霞堤」と呼ばれる仕組みがあります（図1）。霞堤が緩衝地帯となることで本川の流量を減少させ、人口の多い下流域での氾濫を未然に防ぐことができます。この霞堤は、毎年のように豪雨相次ぐなか、時間のかかるダムや堤防の整備よりも早くできる対策として、最近、見直されつつあります。じつは霞堤は、甲斐（今の山梨県）の戦国大名として有名な武田信玄が考案したともいわれています。

　また、最近では、日本古来の河川工法の有効性が再認識されるようになっています。たとえば、「聖牛」（材木を四角錐や三角錐の形に組み、重しの石を付けたもので、消波ブロックのように、洪水時などに水流を弱め

るなどの効果があるとされる）がその代表例です（図2）（田住真史・角哲也・竹門康弘「伝統的河川工法『聖牛』に関する知見の整理と木津川における試験施工」『京都大学防災研究所年報』61号、2018年、748頁以下）。また、聖牛を設置することで、その周辺で地形変化が発生し、「たまり」が形成され、生物が生息できる環境ができることも期待されています。

【牛類】

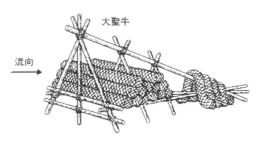

図2　聖牛の模式図
出典：平凡社『世界大百科事典③』2007年、241頁。

4 国の新たな方針──流域治水への転換

　気候変動の進行にともない、想定を超える雨が続くなか、予想を上回る規模の洪水が発生することを前提とした対策が求められます。そこで国は、2020年7月、霞堤を含む新たな治水の考え方を打ち出しました。堤防やダムなど、これまでの

図3　流域治水のイメージ
出所：国土交通省「総力戦で挑む防災・減災プロジェクト」2020年、7頁より転載。

対策に加え、川の水を逃がす場所を設ける計画です。これが「流域治水」です（図3）。全国109の水系で計画中です。従来の治水ダム・堤防に加え、発電などが目的でつくられた利水ダムを治水に活用したり、川の水を逃がす遊水地を整備したりします。上流から下流まで「流域全体」で水を受け止め、国だけでなく都道府県・市町村・企業・住民が一体となって、リスクを分散しようというねらいです。

　SDGsとの関連でいえば、流域治水という考え方は次の目標の達成に資するでしょう。すなわち、達成範囲は、目標1（貧困をなくそう）（特に〈ターゲット1.5〉「極端な気候現象やその他の経済、社会、環境的な打撃や災難に見舞われたり被害を受けたりする危険度を小さくする」）や、目標6（安全な水とトイレを世界中に）（特に〈ターゲット6.5〉「あらゆるレベルでの統合水資源管理を実現する」および〈ターゲット6.b〉「水・衛生管理の向上に地域コミュニティが関わることを支援し強化する」）、目標17（パートナーシップで目標を達成しよう）など多岐にわたります。

　国は、それぞれの地域住民の理解を得たうえで、災害激甚化時代の新たな防災を模索したいとしています。国が描く流域治水とは、集水域と河川区域のみならず、氾濫域も含めて1つの流域としてとらえ、その流域全員が協働して、①氾濫をできるだけ防ぐ・減らす対策、②被害対象を減少させるための対策、③被害の軽減、早期復旧・復興のための対策、までを総合的・多層的に行うというものです（国土交通省水管理・国土保全局河川計画課河川計画調整室「気候変動を踏まえた『流域治水』への転換」『地域防災』33号、2020年、16頁以下）。

　以下では、それぞれの対策をもう少し詳しく見てみましょう。まず、集水域および河川区域での対策が主となる上記①には、従来進めてきた堤防の整備や河川改修に加えて、都道府県・市・利水者（水道局など）と協力し、治水ダムの建設・再生、利水ダムなどの貯留水を事前に放流し洪水調節に活用する取り組みや、遊水地の整備・活用が挙げられます。

　次に、氾濫域での対策が中心の上記②として、輪中堤（ある特定の区域を洪水の氾濫から守るために、その周囲を囲むようにつくられた堤防）や、二線堤（万一、1本目の堤防が決壊した場合に、洪水氾濫の拡大を防ぎ被害を最小限にとどめる目的で設けられる予備的な堤防）などが効果的であるとされています。また、田んぼダム（豪雨時に雨水を一時的に田んぼに貯留し洪水被害を軽減する仕組み）も注目されていま

す。

　さいごに、氾濫域での対策が主となる上記③には、土地などの購入にあたっての水害リスク情報の提供や、安全な避難先の確保やマイ・タイムライン（大雨時に河川の水位が上昇する際、自分自身がとる標準的な防災行動を時系列的に整理し、とりまとめるもの）の作成といった避難体制の強化、事業継続計画（災害などの緊急事態が発生したときに、企業が損害を最小限に抑え、事業の継続や復旧を図るための計画）の策定、などが含まれます。

5　地方自治体レベルの役割

　滋賀県は、2014 年 3 月、全国に先駆けて「流域治水の推進に関する条例」（滋賀県流域治水条例）を制定しました。この条例は、「ながす（河道内で洪水を安全に流す）」、「ためる（流域に降った雨を貯める）」、「とどめる（洪水氾濫による被害を最小限にとどめる）」、「そなえる（地域の防災力向上で災害に備える）」の 4 つの対策を総合的に推進しようとするものです（図4）。

　この条例の特筆すべき点は「とどめる」対策にあるといえます。具体的には、200 年に 1 度の確率の降雨で浸水被害が想定される区域を「浸水警戒区域」に指

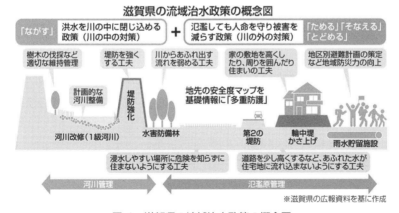

図 4　滋賀県の流域治水政策の概念図
出所：「洪水対策、関係法律に『横串』」『西日本新聞』2020 年 2 月 5 日。

定し（13条）、新築・増改築の際、部屋や屋上を想定水位より高くすることなど
を義務づけ（14条、15条）、違反者に20万円以下の罰金を科すことを定めました
（41条）。また、不動産業者に対し、宅地や建物の売買や賃貸借の契約時に、想定
浸水などのリスク情報を提供するよう努力規定を設けました（29条）。

　ところで、都道府県・市町村レベルの重要な役割として、ハザードマップの作
成があります。このハザードマップに関し、市の説明義務違反を認める注目すべ
き判決が2020年6月に京都地方裁判所で出されました（福知山水害訴訟）。判決は、
住民が土地を購入する前に、市が宅地の浸水リスクなどを示したハザードマップ
の情報を単に提供するだけでは不十分で、マップ作成後に発生した浸水被害の状
況なども説明すべきであったと指摘しました（SDGsの目標16（平和と公正をすべ
ての人に）の〈ターゲット16.6〉「あらゆるレベルにおいて、効果的で説明責任があり
透明性の高い仕組みを構築する」に関連）。この判決からは、自治体が土地の災害
リスクを注意深く考えたうえで、街づくりを進める必要があることが読み取れま
す。

6　今後の治水のあり方

　明治以降の近代技術による治水対策（すべての水を川の中に閉じ込めること）だ
けでは、もはや気候変動の時代に対応できないことが明らかになりつつあります。
今後は、川があふれることを前提とした対策が必要になってきます。流域治水の
取り組みは始まったばかりです。

　すべての水を川に閉じ込めることは不可能である以上、被害が相対的に少ない
ところに越流堤をつくり、そこから洪水を氾濫させ、より大きな被害を防ぐこと
になります。裏を返せば、被害を発生させる場所を人為的に生み出すことを意味
します。明治期以前に頻発してきた上下流対立や左岸と右岸の対立がそうである
ように、被害を受けることを運命づけられた地域からは当然、反対の声が上がる
でしょう。各地域の利害をいかに調整して、流域全体で被害を軽減する仕組みを
つくり上げていけるかが今後の課題となります（SDGsの目標11（住み続けられる
まちづくりを）の〈ターゲット11.3〉「だれも排除しない持続可能な都市化を進め、参

加型で差別のない持続可能な人間居住を計画・管理する能力を強化する」に関連）。

　もう 1 つ大事なことは、治水対策のあり方として、水だけでなく、土砂を含めた流量管理を行うことが不可欠といえます。現在の河川法および河川工学は、大雨時に上流から大量に流れてくる土砂や流木の量までは計算に入れていません。最近の豪雨災害では大量の土砂・流木の流出により大きな被害が生じています。また、ダムはおよそ 100 年経つと砂で一杯になり（満砂）、機能が低下します。そう遠くない将来、全国の河川でダムから土砂が放出されることになります。日本の河川は、これから「土砂管理の時代」に突入していくのです。河川法を改正し、土砂・流木を含めた流量管理ができるようにしなければなりません。流域全体で水と土砂の流れを統合的に管理する視点が求められているのです。

（鳥谷部壌）

［謝辞］本章の執筆にあたり、とりわけ、竹門康弘先生（京都大学防災研究所　水資源環境センター　准教授）より、有益な資料および知見を提供頂きました。ここに厚く感謝申し上げます。なお、本章は、公益財団法人 旭硝子財団 2020 ～ 2021 年度サステイナブルな未来への研究助成「共有水資源の持続的利用のための国際法理論の再構築」および日本学術振興会科研若手研究（課題番号：20K13336）の成果の一部であることを追記いたします。

参考文献

篠原修『河川工学者三代は川をどう見てきたのか』農文協、2018 年

大熊孝『洪水と水害をとらえなおす』農文協、2020 年

松本充郎『日米の流域管理法制における持続可能性への挑戦』ナカニシヤ出版、2021 年

第 II 部

淀川流域の文化・歴史とSDGs

第 6 章

文化と経済の相乗効果とは？

淀川水系にみる文化と観光の経済学

Key Word

水系の多面的機能、文化と経済の表裏一体性、水系を生かした観光

SDGs の目標　　目標 3 （すべての人に健康と福祉を）
　　　　　　　　　目標 12 （つくる責任つかう責任）
　　　　　　　　　目標 17 （パートナーシップで目標を達成しよう）

STEP1　どんな課題があるの？

京都と大阪の中間に位置する淀川左岸と淀川右岸地域の間には、経済的格差や教育格差が存在します。また、若い女性の人口が、左岸では流出（減少）し右岸では流入（増加）するという現象もおきています。左岸地域は製造業とともに発展しましたが、医療や福祉以外のサービス産業の集積が乏しいため、若い女性の雇用吸収力に乏しく、また、まちとしての魅力に欠ける面があります。

STEP2　SDGs の視点

目標 3 （すべての人に健康と福祉を）：あらゆる年齢のすべての人々の健康的な生活を確実にし、福祉を促進する。

目標 12 （つくる責任つかう責任）：持続可能な消費・生産形態を確実にする。
〈ターゲット 12.8〉2030 年までに、人々があらゆる場所において、持続可能な開発及び自然と調和したライフスタイルに関する情報と意識を持つようにする。

目標 17 （パートナーシップで目標を達成しよう）：持続可能な開発のための実施手段を強化し、グローバル・パートナーシップを活性化する。
〈ターゲット 17.17〉さまざまなパートナーシップの経験や資源戦略を基にした、効果的な公的、官民、市民社会のパートナーシップを奨励・推進する。

STEP3　めざす社会の姿

淀川水系の環境と文化を生かした魅力的なまちづくりにより、製造業とともに、医療・福祉系に加えて文化産業や観光等の持続的で多様なサービス産業が発展します。

第Ⅰ部では主に環境に関わる SDGs の視点から淀川水系を読み解きました。第Ⅱ部では、歴史的な文化資源を、SDGs の視点からどのように現代に生かすのかについて考えていきます。そして、第Ⅲ部は、社会・経済に関わる SDGs の視点から、淀川水系が抱える課題に迫ります。本章は、これらのⅠ部、Ⅱ部、Ⅲ部を繋ぎ、水系から都市の基層を読み解く研究を紹介しながら、水系における文化と経済の相乗効果について考えます。

　具体的には、次のような疑問に答えていきます。水系で都市を読み解くとは、どういうことでしょうか。また、水系には、どんな文化と経済の関係がみられるでしょうか？そして、淀川流域のまちづくりや観光に、文化と経済の相乗効果を生かすには、どうすればいいでしょうか。

1 都市の成り立ちを解読する鍵は水系にあり？

都市の基層を水系で読む

　東京の成り立ちを水系に着目して解き明かした興味深い研究の成果があります。建築史・都市史を専門とする陣内秀信が、『東京の空間人類学』（筑摩書房、1985 年）から、35 年の歳月を経て、その間の研究を凝縮した『水都東京——地形と歴史で読みとく下町・山の手・郊外』（筑摩書房、2020 年）です。

　近年、水都という言葉をよく聞くようになりました。淀川水系に位置する水都大阪もそうです。水都大阪は、この取り組みが、2001 年に内閣官房都市再生本部によって都市再生プロジェクトに指定されたことが契機となって始まりました。水都大阪では、水運に支えられて経済と文化の中心的都市として発展し、明治時代に "水の都" と呼ばれた風景を取り戻そうと、さまざまな試みを展開しています。特に、川が都心部をロの字にめぐる「水の回廊」を中心として、水辺のシンボル空間や船着場の整備、護岸や橋梁のライトアップなど、さまざまなプロジェクトが進められています。

　同じように水都東京と聞いて、普通思い浮かべるのは、東京スカイツリーのそばを流れる墨田川や、神田川、日本橋川、そして多くの掘割がめぐる水の都としての江戸ではないでしょうか。しかし、明治時代になっても、東京も大阪も水都

であり続けました。東京では、日本橋川のほとりに、水の側に正面を向けて、渋沢栄一邸（1888 年）、日証館（1928 年）、江戸橋倉庫ビル（1930 年）等の優れた近代建築が作られました。これらの建物は、ヴェネツィア建築の影響を強くうけています。

大正後期から昭和初頭にかけて、大阪は「大大阪」と呼ばれ、東洋一の商工都市であったと同時に、文化・芸術が華ひらきました。近代モダン建築や橋梁などの建造物には、新しい構造や華やかな意匠が採り入れられ、その多くが造られた旧淀川（堂島川、土佐堀川）沿いの中之島や北浜、船場一帯は、近代大阪の都市景観を形成しました（水都大阪コンソーシアムウェブサイト「近代化する大阪」を参照）。

川や水辺が、人々の生活から遠のいたのは、高度経済成長期以降のことです。大阪も東京も、第二次世界大戦後、工業開発に伴う地下水のくみ上げによって地盤沈下がおこり、水害を防ごうと沿岸には防潮堤が作られました。また、生活排水や工場排水が川に流れ込んで水質汚染がおき、舟運もなくなって、水辺は都市の裏側に転じていきました。

陣内（2020）は、水都東京の成り立ちを、江戸時代と明治時代の連続性のみでなく、古代や中世まで遡り、空間的には、東京の西側にある多摩地域にまで広げて読みといています。通常の水都東京論は、東京の東側の低地である都心と下町を指しますが、その枠を超え、山の手、武蔵野、多摩にも対象を広げ、東京と水の密接な関係を多角的にみているのです。

江戸城＝皇居と内濠、外濠をみると、神田川御茶ノ水付近の渓谷も含め、凹凸地形を利用した世界的にも珍しい三次元の水の都市が東京に成立していることがわかります。江戸時代には、増加した江戸の水需要を満たすために多摩川の水を羽村で引き込む玉川上水が作られました（1654 年）。玉川上水から、わずかな高低差を利用して都心に送られた水の一部が外濠に流れ込むことで、水量が保証され、水質が保たれるという壮大な水循環都市ができあがっていたのです（陣内 2020）。

近代に途絶えたこの循環を再生し、外濠をきれいにすることで、下流の日本橋川の水質も蘇らせようという動きが始まっています。2019 年には、外濠に面する法政大学、中央大学、東京理科大学の総長・学長連名で東京都に「外濠・日本

橋川の水質浄化と玉川上水・分水網の保全再生について」という政策提言書が提出され、東京都は、2040年までの長期計画に、玉川上水を利用した外濠浄化事業を盛り込む方針を発表しました。その少し前から、外濠の魅力を再発見し浄化・再生しようという市民や企業の動きも始まっていました（陣内 2020）。

SDGsの観点からみると、水系に着目して都市の成り立ちを読みとくと、地形を利用した水循環の仕組みに気づき、水循環を回復するという市民や企業、大学等の動きにつながっていることが、とても興味深いです。淀川水系を、目の前を流れる淀川だけでなく、その源流にまで視野を広げ、空間的、歴史的に考えることは、意味があるといえるでしょう。

エコロジーの視点と歴史・文化の視点の融合の必要性

陣内の研究がユニークなのは、水系の問題を環境や歴史、文化という多面的な観点からとらえていることです。東京という都市の基層を明らかにするためには、地形、地質、水系、古代・中世の街道（古道）、国府、寺社、居館・城、集落・居住地、湊、舟運網等に着目する必要があるとしています。そして、水系を東京の山の手から武蔵野、多摩地域にまでたどり、古代や中世に遡ることで、江戸東京の構造を浮かび上がらせています（陣内 2020）。

通常は、川の生態系や環境保全に関心を持つ人々（エコロジー系）と、地域の歴史・文化に関心を持つ人々（歴史系）が交流することは少ないと思います。しかし、例えば、景観を例にとると、自然や地形に加えて、人間が手を加えてできた風景（文化的景観）も含まれてきます。また、水循環の仕組みを解明するためには、昔の水循環（川、湧水、池、地下水、用水路など）を知る必要があり、そのためには古道や神社（水信仰）などの歴史が手がかりとなります。陣内らの研究グループでは、エコロジーと歴史を結びつけることで、大きな成果をあげてきました。

2 水辺再生の鍵は文化？
——水辺に集積する文化と経済

水辺には、文化と経済の集積があった

さて、前節では、主に東京の事例ではありますが、都市の基層を水系で読み解く興味深い研究を紹介しました。水系で都市を読むことで、江戸城（皇居）の外濠の水と緑の環境を取り戻し、持続可能な都市にするという政策提言へとつながっています。水辺の再生は、水質をきれいにすると同時に、水辺の賑わいを取り戻すことでもあります。高度経済成長以降、人と水辺の関係がなぜ失われたのかは、前節に書いた通りです。今度はその逆の流れを、時代に合った考え方で作り出そうという動きが世界中で行われています。

生態系が生み出すサービスを、基盤サービス（植物の光合成、土壌形成、水の循環など他のサービスの基盤となる）、供給サービス（食べ物など衣食住に関わるものを供給する）、調整サービス（大気や水をきれいにし、気候の調整をし、自然災害を防ぐ）、文化的サービス（野外レクリエーション、音楽を聴く、俳句を詠むなどの娯楽は人間生活を豊かにする）（公益社団法人日本環境教育フォーラム）と多面的にとらえる考え方があることは序章でも少し触れました。川や水辺も、水循環を生み出し、飲料水や農業・漁業・工業の水を供給して産業発展をもたらし、舟運によって商業を支えると同時に、信仰や儀礼・祭礼や、遊興の場・文化の場としても繁栄してきました。

本章で特に注目したいのは、舟運や物流で栄えた水辺に集積する文化と経済です。2001 年に始まった水都大阪もそのことを強調しています。水都大阪コンソーシアムのウェブサイトには、「難波津の時代、「天下の台所」と呼ばれた江戸時代、そして「東洋のベニス」と称された近代に至るまで、縦横に開削された堀川から、私たちがどれほどの恩恵を受けたのか、計り知れない。」と書かれています。その恩恵とは、北海道や江戸と畿内を結ぶ北前船や樽廻船と、奈良や京都などの内陸と大阪を結ぶ舟運による経済的繁栄と、錦絵や文学に描かれた船からの花見や祭礼等の文化的繁栄です。

近代になると、中之島には、水辺からの景観を意識した近代建築による官公庁

や学校、文化施設が建設されました。興味深いのは、大阪と同様に、東京でも近代建築が建設された日本橋川にヴェネツィア（ベニス）のイメージが重ねられていることです。

水辺で育まれる環境、文化、経済、社会の好循環

高度経済成長期以降に失った水循環を取り戻し、水辺を生かした経済と文化の再生を目指す動きが、1990年代後半以降に、世界中で始まりました。製造業が衰退し雇用が失われたまちの再生のために、その跡地をアートや文化産業で活性化する試みが行われるようになったのです。

1991年、スペイン・バスク州政府はソロモン・R・グッゲンハイム財団（アメリカ）に対して、ビルバオの老朽化した港湾地区にグッゲンハイム美術館を建設することを提案しました。州政府が、美術館の建設費、作品購入費、展覧会費用や年間予算への補助を負担することを承諾し、1997年にネルビオン川沿いに開館したのが、ビルバオ・グッゲンハイム美術館です。その設計は、著名な建築家であるフランク・ゲーリーが行い、高い評価を受けました。美術館は、ビルバオやバスク地方の象徴となり、都市イメージの向上に寄与し、多くの観光客を惹きつけるようになりました。

東京でも、墨田川の東に広がる地域には、近世から近代にかけての自然、文化、歴史、経済の貴重な資源があるにもかかわらず、グローバル化の中で取り残され空洞化するという問題がありました。これを、東京の東西問題と呼びます。筆者が、東京都と一緒に行ったクリエイティブ産業の集積調査（2009年）では、工芸などの伝統的なクリエイティブ産業が、東側のエリアである墨田区、江東区、台東区に集積していることがわかりました（後藤和子『クリエイティブ産業の経済学』有斐閣、2013年）。しかし、そこで作られた製品に高い付加価値をつけて販売するのは、青山、表参道、代官山等を擁する渋谷区という構図でした。

墨田川の東の墨東地域は、古代、中世からの歴史を持つ地域であり、近代には水路を生かして工業が発展しました。今でも、墨田江東地域には優良な中小企業がたくさんあります。東京スカイツリー（2012年完成）は、難しい取り付けの施工を担える技術的な背景があったからこそ、墨田区押上の地にできたといわれて

いMS（陣内 2020）。それにもかかわらず、東側エリアは、西側の発展から取り残された面がありました。

しかし、近年では、東京スカイツリーを発着する舟運をはじめとして、舟運機能の復活を目指す動きが始まっています。また、深川資料館通りから東京都現代美術館にかけての江東区・清澄白河エリアは、2015 年に木材倉庫をリノベーションしたブルーボトルコーヒーの日本 1 号店が出店してからコーヒーの街として話題を呼び、倉庫や工場、古いアパートなどをリノベーションしたワイン醸造所や硝子工房、生活雑貨店などが、銭湯や深川めし店に溶け合って人気エリアになりました。清澄白河エリアの東南にある木場は、江戸時代から木材の集積地であり多くの木材問屋がありました。木材を運ぶための運河と緑、歴史と工芸が、今、街の魅力として見直されています。

3 淀川水系における文化と経済 —— まちづくりと観光の未来に向けて

水都大阪と巨大アヒル——水辺を再生する文化の力

大阪でも、2000 年代以降、水辺を生かした環境と文化、経済の再生が行われていることは、先に述べた通りです。2001 年に始まった水都大阪では、2004 年には、道頓堀川沿いの遊歩道が整備され、2008 年には、水陸の交通ターミナルとしての八軒家（天満橋にて京阪鉄道と接続）の船着場が再生されるなど、公共事業と連携し、水辺を意識した民間開発も進みました。

水都大阪 2009 のイベントでは、中之島公園や水の回廊を中心とした市内各所において、水辺の楽しさを再発見できるさまざまなプログラムが展開されました。体験型アートプログラムやワークショップ、灯りで会場を埋め尽くすプロジェクト、アート舟の巡航や橋梁ライトアップ、船着場での朝市やリバーマーケット、近代建築はじめ川や橋梁などを巡る水都アート回廊、まちあるきなどが、市民、地域、NPO、企業、アーティスト、行政の協働によって実現しました（「水都大阪 2009」のウェブサイトを参照）。

この時、ひときわ目を引いたのが、八軒家浜に浮かぶ巨大なアヒルでした。このアヒルは、オランダ人アーティスト、フロレンタイン・ホフマンによる、川や

写真1（上）「水都大阪2009」での展示
（八軒家浜）
出所：千島土地㈱提供。

写真2（右）　大阪中之島美術館
出所：大阪中之島美術館準備室提供。

海をバスタブに見立てたパブリック・アート作品「ラバーダック」（2007年制作）
です（写真1）。

　八軒家浜に浮かぶラバーダックのプロジェクトを実現したのは、千島土地株式
会社という住之江区北加賀屋に本社をおく不動産会社です。この会社は、1988
年に、木津川河口の大阪湾に面する場所に名村造船所の土地が返還されたのを契
機に、その活用を模索していました。2004年には、NAMURA ART MEETING
'04〜'34が始まり、2005年に造船所は「クリエイティブセンター大阪」に生まれ
変わりました。また、工場や倉庫を大型アート作品の保管・展示スペース「MASK
（Mega Art Storage Kitakagaya）」に改修し、アーティストやクリエイターによる
空き家再生プロジェクトを行うなど、不動産業を生かした活動は、大阪のアート
にとって欠かせない存在になっています。2020年には、元名村造船所の倉庫を
改装した、アーティストやクリエイターのための創作の場「Super Studio
Kitakagaya」も生まれました。

　水都大阪では、水辺を活用するために、アートや文化に加えて、観光に関わる
民間企業も参入し、官民一体の取り組みが行われているのが特徴です。一定の条
件下において河川区域に川床を設置したレストランやカフェが連なる北浜テラス

のほか、「川の駅はちけんや」（天満橋）や「中之島バンクス」では、多くの店舗が営業しています。水都大阪には、大阪府都市整備部西大阪治水事務所などの行政だけでなく、舟会社、水辺で活動するさまざまな団体（東横堀川水辺再生協議会、中之島まつり実行委員会、北浜水辺協議会）、ホテル、レストラン、能楽堂、本町橋100 年会など多くの市民や企業が関わっているのです。

　2010 年には歴史・文化ゾーンとして中之島公園が整備され、2022 年には、大阪中之島美術館（写真2）が開館し、国立国際美術館や大阪市立科学館、中之島香雪美術館、大阪市立東洋陶磁美術館等と合わせて、ミュージアムゾーンが、堂島川（旧淀川の一部）沿いに誕生します。

ミズベリングと淀川流域

　大阪市内を離れて、淀川流域全体を見渡した時、水辺の再生はどうなっているでしょうか。

　全国的には、2011 年からミズベリングというプロジェクトが始まり、全国に広がっています。ミズベリングはもともと、2011 年 3 月に河川敷地占用許可準則が改正されたことにより、民間が河川空間をさまざまに活用できるようになったことを告知するのがテーマでした。ただ、それをストレートに伝えるだけでは河川利用のイメージが広がらないので、「こんなことがやれるかも」というアイデアを、ユーザー側のスタンスで示していく国土交通省のプロジェクトとして開始されました。

　ミズベリング・プロジェクト事務局プロデューサーの山名清隆氏は、「水辺空間は、河川行政の話から、だんだんエリアマネジメントや地方創生など、まちづくりの素材へと広がっていきました。地方に存在している河川空間が、自分のふるさとのまちづくりに使えるチャンスだと思う人が増えていったということだと思います」（日経 BP「ニューノーマルの「水辺で乾杯」を 9 月に、日本の水辺から世界を変えたい」ウェブサイト）と述べています。

　2014 年には、ミズベリング東京会議を皮切りに、大阪会議も開催され、その後、全国各地に同様の会議が広がっていきました。2015 年には、ミズベリング世界会議 in OSAKA が、堂島リバーフォーラムで開催されました。

ミズベリングでは、SDGsとの関係として、目標17（パートナーシップで目標を達成しよう）目標12（つくる責任つかう責任）目標11（住み続けられるまちづくりを）をあげています。ミズベリングは、河川という公共空間を維持するために、民間資金を呼び込む（規制緩和で公共空間をビジネスに開放する）流れですから、官民協働で行われています。また、河川を使いこなすということから、限りある資源をつかう責任が生じ、さらに、水辺と共存する住みよいまちづくりに奮闘する人々を支えることで、目標11の達成に貢献しています。

淀川沿川まちづくりプラットフォーム──舟運復活と広域連携型まちづくり

近年、水都大阪に参加している舟会社は、枚方宿と八軒家を往復する舟運観光を始めました。淀川左岸には、淀川と並行して、豊臣秀吉が作った京街道があり、大阪から京都に向かって、守口宿、枚方宿、淀宿、伏見宿という4つの宿がありました。これらの歴史資源を生かすべく、大阪府・住宅まちづくり部が事務局となり、「淀川沿川まちづくりプラットフォーム」という舟運復活と広域連携型まちづくり、広域観光を目指す取り組みが、2017年から始まりました。

大阪と京都の間の淀川左岸では、1933年に、松下電器産業（現パナソニック）株式会社が本社を門真市に移し、その周辺には製造業が発展しました。淀川左岸の3市の産業を分析した第13章では、左岸では医療や福祉以外のサービス産業の集積が弱いことが指摘されています。左岸の未来を考えた時、製造業の集積は強みですが、若い女性の就業機会を考えると、その他のサービス産業の集積も不可欠だと思われます。

他の章で分析しているように、京街道沿いには、長い歴史があり、多くの文化資源があります。こうした地域資源を生かして、伏見では、インスタグラム効果で爆発的な人気となった伏見稲荷をはじめ、舟運と酒蔵がある景観を生かしたまちづくりが行われ、観光客をひきつけています。八幡市の男山には、860年に創建された石清水八幡宮があり、2016年には、本社10棟と附棟札3枚が国宝に指定されました。枚方市には、枚方宿の歴史を伝える市立枚方鍵屋資料館があり、今でも毎月1度、枚方市くらわんか五六市が開かれています。

枚方は、淀川を通る三十石船に、「めしくらわんか」「さけくらわんか」と小舟

で近づき、飲食物を売った「くらわんか舟」が活躍したところです。その時に使われたのが、長崎県波佐見で作られた「くらわんか椀」です。

　400 年の歴史を持つ波佐見焼は、明治時代以降は、有田駅から佐賀県の有田焼とともに、「有田焼」として出荷されていました。しかし、2000 年代になると、産地表示の厳格化で有田焼という表示ができなくなり、「波佐見焼」として市場開拓を開始します。東京ドームでのテーブル・ウェアフェスティバルに職人が参加し消費者のニーズに直接触れ、また、波佐見町で、工芸・アート・ファッション・フード・ミュージック・アウトドアなどの事業者による産業まつりを開催して陶磁器一辺倒からの脱却を図るなど、さまざまなことに果敢に挑戦し、波佐見焼ブランドを確立しました（波佐見焼振興会 編：児玉盛介・古河幹夫監修『波佐見は湯布院を超えるか』長崎文献社、2018 年）。

　波佐見町の製陶所跡をお洒落なカフェやショップが入る場所に転換した「西の原」は、若い女性に人気です。西の原にある元ろくろ場をリノベーションしたモンネ・ポルトは、画材や文房具などを販売すると同時に、若手作家の作品を展示するギャラリーコーナーも持ち、メディア芸術の祭典である「メディア　バタフライ in 有田」の会場にもなりました。波佐見町は、1999 年から、枚方市の市民交流都市となっています。

　しかし、淀川水系全体でみると、多くの歴史・文化資源が、まだ点として存在している状態で、流域全体として現代に生かす方法を、見いだせていません。そうしたなかで、流域の各自治体や、国土交通省の近畿地方整備局、観光やまちづくりに携わる NPO、舟会社などが「淀川沿川まちづくりプラットフォーム」を作った意義は大きいと思われます。

4 淀川水系の未来へ向けて

　前節で指摘したように、京都と大阪に挟まれた淀川中流地域、特に左岸地域は、右岸と比べ取り残された面があります（第 11 章を参照）。

　淀川沿川まちづくりプラットフォームについて話を伺う目的で、大阪府・住宅まちづくり部を訪問した際に、関西各地域で取り組みが進められているサイクル

ルートを連携させる構想があることがわかりました。サイクルルートと淀川舟運を組み合わせれば、淀川水系全体をカバーする回遊型の広域観光が可能です。

　江戸時代には、円山応挙や伊藤若冲などの絵師が、伏見から大坂までの船から見る景色に魅せられ、絵巻に描きました。淀川の船遊は、文人たちに交流の場を提供し、多くの詩画の題材となりました。1826年に長崎から江戸に向かったシーボルトも、枚方の環境は非常に美しく、淀川の流域は祖国のマイン河の谷を思い出させるところが多いと書いています（岩間香・谷直樹・服部麻衣 編『淀川舟游』摂南大学・大阪くらしの今昔館、2015年）。

　近年、瀬戸内海の島を船で巡りながら現代アートを楽しむ瀬戸内国際芸術祭が、多くの人を惹きつけ、島への移住者も増えています。淀川水系全体を舞台に、アーティストやクリエイターが作品を創作し、舟運やサイクルルートを使って作品を鑑賞する回遊型の祭典や観光を展開できれば、左岸の歴史・文化資源も生かされ、新たな文化産業が生まれる契機になるかもしれません。（後藤和子）

参考文献

岩間香・谷直樹・服部麻衣（編）『淀川舟游——若冲・応挙・蕪村も愛した』摂南大学・大阪くらしの今昔館、2015年

陣内秀信『水都東京——地形と歴史で読みとく下町・山の手・郊外』筑摩書房、2020年

後藤和子『クリエイティブ産業の経済学——契約、著作権、税制のインセンティブ設計』有斐閣、2013年

水都大阪コンソーシアム「水都大阪2009」https://www.suito-osaka.jp/history/history_8.html

水都大阪コンソーシアム「近代化する大阪」https://www.suito-osaka.jp/history/history_5.html

日経BP「ニューノーマルの「水辺で乾杯」を9月に、日本の水辺から世界を変えたい｜新・公民連携最前線｜PPPまちづくり」2020年7月6日記事　https://project.nikkeibp.co.jp/atclppp/PPP/434148/070200075/

第 7 章

なぜ人は水辺に集まるのか？
些細なことで実現できる豊かな生活

ふるまい、使いこなし、公共性、いたれりつくせり、豊かさ、オープンスペース

SDGs の目標　　目標 11（住み続けられるまちづくりを）
　　　　　　　　　目標 12（つくる責任つかう責任）
　　　　　　　　　目標 15（陸の豊かさも守ろう）

STEP1　どんな課題があるの？

現代の河川空間は公共性・公益性という観点から、あまり有効な活用方法がありませんでしたが、昨今にぎわいのある水辺空間への活用の機運が高まっています。しかし、「にぎわい」とは何か、「にぎわい」だけで良いのか、「にぎわい」をどう持続させるのかという議論は十分ではなく、水辺の持続的活用に向けた検討が必要です。

STEP2　SDGs の視点

目標 11（住み続けられるまちづくりを）：都市と人間の居住地を包摂的、安全、強靱かつ持続可能にする。
〈ターゲット 11.7〉2030 年までに、女性、子供、高齢者及び障害者を含め、人々に安全で包括的かつ利用が容易な緑地や公共スペースへの普遍的アクセスを提供する。

目標 12（つくる責任つかう責任）：持続可能な消費・生産形態を確実にする。
〈ターゲット 12.8〉2030 年までに、人々があらゆる場所において、持続可能な開発及び自然と調和したライフスタイルに関する情報と意識を持つようにする。

STEP3　めざす社会の姿

持続可能な地域社会
「持続可能な地域社会」とは、建物をどんどん建て替えて新しく更新するのではなく、地域にすでにある資源の豊かさを把握し、それをどう使えるか考える意識をもつことで、地域資源が有効に活用された持続可能性が高い地域社会のことなのです。

---

1 住み続けられる「豊かさ」って何だろう？

SDGs の目標 14 と 15 には「豊かさ」という単語が掲げられており、資源の保全や生態系の保護などがうたわれています。こうした視点は私たち人間が住み続けられるまちを実現するために、取り組まなければならない目標（ターゲット）であることは間違いありませんが、いざ自分に何ができるかと考えると戸惑ってしまう方も多いのではないでしょうか。本章では、私たちにとっての「豊かさ」はもっと広範で身近で些細なことも含まれるのではないかという仮説のもと、淀川水系における江戸時代と現代の人びとのふるまいを通じて、淀川がもつ「豊かさ」について述べるとともに、住み続けられるまちづくりのために私たちにできることは何かについて考えてみたいと思います。

2 江戸時代に描かれた水辺のふるまい

『澱川両岸一覧』は江戸末期に書かれた名所図会で、暁清翁により書かれた解説文と、松川半山によって描かれた図絵からなる 4 巻構成で、水辺の人びとのふるまいが描かれています（図 1）。澱川両岸一覧が書かれた江戸末期、淀川は京都と大坂を結ぶ場所として、水陸ともに交通の重要な役割を担っていました。そのことは『淀川両岸図巻（円山応挙 1765)』、『浪花乃澱川沿岸名勝図巻（大岡春卜 1745)』などからも感じることができます。澱川両岸一覧は大阪八軒家（現在の天満橋付近）から京都三条橋（現在の三条大橋付近）にわたり、多くの水辺が細かく描かれており、当時の様子を今に伝える貴重な資料です。ここからは、澱川両岸一覧に描かれた人びとのふるまい（図 2）を紹介しながら、どのような場所だったのか想像してみたいと思います。

働く人びと

澱川両岸一覧において一貫して描かれているのは、水運の主役である舟です。描かれた舟の種類は、物資を運搬する貨物船のほか、人を運ぶ旅客船や渡し船、

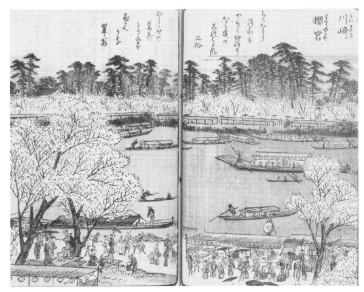

図1　澱川両岸一覧に描かれた図絵（川﨑　櫻宮）
出所：摂南大学図書館蔵。

船上で飲食をする屋形船などもみられ、その船上には、旅客や遊興客のほかに、操舵する船頭、漁師の姿なども描かれています。また川岸に目を向けてみると、昇降客や歓送迎する人びとに混ざって、舟が運んできた物資を荷揚げ・荷卸しする人、陸路で大きな荷物を担いでいる行商人、大八車や牛をつかって物資を運ぶ人、駕籠に客を載せ運ぶ人、岸から舟を曳く人の姿などが描かれています。こうした人間が生活する上で必要な働くというふるまいが数多く描かれていることから、かつての淀川は人びとの日々の暮らしに密着した場所であった、と考えることができます。

気ままに過ごす人びと

　澱川両岸一覧にはお茶屋（旅館）や寺社といった建物も描かれています。そうした建物の中で飲み食いしたり、話をしたり、煙管（当時のタバコのようなもの）を吸いながら、人びとがその場でのひとときを気ままに過ごしている様子が描かれています。大半はお店として設けられた場所のようですが、なかには簡易な屋

根をかけて火をおこしてお湯をわかしたり、道端で床几（ベンチのような簡易なしつらえ）に腰掛けるといった水辺で自由に過ごしている人びとの様子が描かれています。こうして水辺で気ままに過ごしている人びとのふるまいからは、かつての淀川は個人個人が思い思いに居られる場所であった、と考えることができます。

さまざまな身なり

　時代背景を考えればふつうのことですが、澱川両岸一覧に描かれている人びとの服装はみな和装です。刀らしきものを腰にさしている人、上下しっかりと和装している人ばかりではなく、褌姿で舟を漕ぐ人、半纏を羽織っている人、和傘をさす人など、いろいろな身なりの人が描かれています。また決して多くはありませんが、子どもや女性の姿もみられます。ここで注目したいのは、多様な人びとが水辺に居ることです。当時、明確な身分制度はなかったともいわれており、お殿様や役人は別としても、人びとがふつうに生活する上で隔たりはなかったかもしれませんが、いわゆる貧富の差はあったでしょう。しかし、澱川両岸一覧には、さまざまな身なりの人びとが描かれています。こうした多様な人びとが一緒に描かれていることから、かつての淀川は誰にとっても開かれた場所であった、と考えることができます。

楽しそうな表情

　澱川両岸一覧に描かれている人びとのうち、その表情まで読み取れる描写はさほど多くはありませんが、読み取れる表情のほとんどが笑顔であることは注目すべき点だと思います。また表情は読み取れないものの、その姿勢（ポーズ）から楽しんでいる様子を感じることができる描写もいくつかみることができます。当時水陸ともに重要な移動ルートだった淀川ですが、そこを行き交う人びとの楽しげな表情が描かれていることは淀川という場所全体がもっていた豊かさの現れといえるのではないでしょうか。

図2　澱川両岸一覧に描かれた人びとのふるまい
出所：摂南大学図書館蔵。

3 現在みることができる水辺のふるまい

　明治以降、治水を主目的に改修された淀川では、淀川花火大会や背割堤のさくらまつりといった季節毎に大きなお祭りなどが行われてきました。近年は淀川アーバンキャンプ（2020年から淀川アーバンフロントに名称変更）、よどがわ河川敷フェスティバルといったイベント、2025年の大阪万博を念頭においた観光舟運計画など、観光資源として淀川をもっと使おうという動きがあります。ここからは、筆者が淀川沿いを歩いて観察できた場面（図3）をはじめ、関連するウェブサイト、SNSなどでみられる人びとのふるまいから、現代の淀川がどのような場所であるのか考えてみたいと思います。

余暇を過ごす人びと

　地図や航空写真で現在の淀川沿いをみると、「扇形」が多数点在していることに気づきます。その大半は休日を中心に少年野球チームや草野球チームが練習や試合をするグランドです。実際に歩いてみると、防球ネットやベンチ、スコアボードを備えた本格的なものもあれば、点在する木々が緩やかに外野のラインを示すだけの簡易なものもあることがわかります。野球以外でも、サッカーやラグビーができるグランド、テニスコート、ゴルフコース、ローラースケート場などがあり、端からみる限り、安定して利用されている様子です。スポーツ系以外では、バーベキュー場も多数あり、春から秋にかけた休日にはたくさんの人びとが屋外でのひとときを楽しんでいます。さらに、淀川の河川敷を歩いてみるとわかりますが、高低差がほとんどなく平坦で幅員が広く、信号もないことからサイクリングロードやジョギングコースとしても使われているようです。このような余暇を楽しむ人びとのふるまいから、現在の淀川は、個人または友人同士や家族が集まりそれぞれの時間を過ごす場所である、と考えることができます。

ものを持ち込む人びと

　淀川沿いを歩いていると、レジャーシートやポップアップテントを広げてピク

図3　現代の淀川でみられる人びとのふるまい
出所：筆者撮影。

ニックしている家族連れや若者たち、ゴルフクラブを持ち込んでスイングの練習をする人、グローブとボールを持ち込んで柱脚で壁当てをする人などをみかけます。当然ですが、彼らは誰かに命令されたわけではなく、自分たちでものを持ち込んで、その場所を選び、そこでのひとときを過ごしています。このようなものを持ち込むふるまいに似た活動で「チェアリング」と呼ばれるものがあります。チェアリングとは、『椅子さえあればどこでも酒場　チェアリング入門』（スズキナオ・パリッコ 2019）によると、「アウトドア用の椅子と酒やつまみを持って外に出て、公園や自然の中など、好きな場所に座り、そこで酒を飲む」こととされ、2016 年に提唱されたアウトドアタイプのアクティビティで、インスタグラムなどへの投稿も年々増加しています。このような、自分たちでものを持ち込み、居られる場所として、広く平坦で、いつでも使うことができる淀川の河川敷は好条件だと言えます。最近、路上駐車スペースに人工芝を一時的に敷き、空洞化するまちなかを活性化しようとする「Park（ing）Day」が注目されていますが、河川敷の多くは天然の「緑」にすでに覆われているため、誰かが事前に何かを準備しなくても、自分たちでイスやシートを持ち込むだけで座ることができ、一緒に食材を持ち込めば自分たちだけの「食堂」が完成します。こうした河川敷にある名もなき場所は、人びとが自由にものを持ち込み、自由に過ごすことができるという点からすれば、本当の意味での広場と呼べるのではないでしょうか。

たたずむ人

　淀川沿いを歩いていると、ひとりでじっとしている人をたまに見かけます。釣り人が獲物をじっと待っている場合もありますが、ただ水辺に立ち対岸を眺めているだけの方もいます。今、対岸を眺めていると書きましたが、実際のところ、彼らがなぜそこにいて、何を考えているのかはわかりません。そうした光景に出会ったとき、時間の流れが少し止まったような、感傷的な気持ちになることがあります。居方の研究者である鈴木毅はこのような光景、シーンを「たたずむ」と呼び、その特徴として、個人的な行為であること、中遠景を眺めていること、全身の姿がまわりからみえていること、を挙げています（鈴木毅 1995）。たたずむ人は都心部ではあまり見かけることがありませんがどうしてでしょうか。都心部

には多くの人びとがいるため、ひとりでたたずんでいる人になかなか出会えない（みつけられない）ことも理由の１つかもしれませんが、たたずむ人を認識するために必要な空間がないことも要因として考えられます。淀川のように大きな川幅で河川敷もゆったりとしている空間は、当事者の意識に関わらず「たたずむ」居方を認識しやすくなっています。こうした大きなスケールの河川空間があることによって、私たちは都心部では見られない風景を無条件に獲得しているのです。

4 水辺がもつ豊かさとは何だろう？

　ここまで江戸時代と現代、それぞれの淀川における人びとのふるまいについて述べてきました。紙面の都合上、紹介しきれなかったふるまいを含めると、たくさんの人びとが水辺に集まっていると言えます。ここからは、水辺に人が集まっていることを「豊かさ」と捉え、その性質について大きく２つの視点から考えてみたいと思います。

公共性がもつ豊かさ

　政治学者の齋藤純一は公共性という言葉の意味合いをわかりやすく３つの面から整理しています（表１）。これに倣うと、淀川のような河川空間（水辺）は、国家（具体的には国土交通省や自治体）によって管理されており、特定の誰かだけではなくすべての人に、ひらかれた場所であり、公共性を有しているということができます。現代においてこうした公共性を有する場所は他にあるでしょうか。

表 1　公共性という言葉がもつ意味合い

official	国家に関係する公的な意味 ☞国家や法が政策などを通じて国民に対して行う活動
common	特定の誰かにではなく、すべての人びとに関係する共通のものという意味 ☞共通の利益・財産、共通に妥当すべき規範、共通の関心事など
open	誰に対しても開かれているという意味 ☞誰もがアクセスすることを拒まれない空間や情報など

出所：齋藤 2000 を元に筆者が作成。

真っ先に思い浮かぶのは公園ですが、日本の公園は禁止項目が多く、自由にふる
まうことができない場所が多いように感じます。当然のことながら水辺にも禁止
事項はあります。また水辺は屋外ですので、夏は暑く、冬は寒い過酷な環境です
し、ゴミの不法投棄、それによる環境汚染、ホームレスによる不法占拠といった
解決しなければならない課題や問題もあります。ただし、誰にでも平等にひらか
れ、自由にふるまうことができる公共性を有する水辺は、これからの社会におい
て他の場所では代用しづらい豊かさを持っていると言えるのではないでしょうか。

　日本の河川空間では、平成23年度の河川敷地占用許可準則の改正以降、「河川
空間のオープン化」が進められており、それまで原則禁じられていた民間事業者
による営業活動が可能となり、より一層ひらいていこうという（使っていこう）
という国家的なメッセージを感じます。なんでもひらけば良いということでは決
してありませんが、営業活動を含め水辺をたくさんの人びとに使ってもらおうと
いう考え方は、持続可能なまちづくりにつながることだと思います。

「いたれりつくせり」ではない豊かさ

　今から約20年前、建築家の青木淳は自身が設計した住宅「L」とともに、建
築系雑誌紙面で以下のようなことを述べています。

　　でも、いちばん大切なことは、そこで住みはじめてどんな生活を送りたい
　のか、そのほとんど言葉にならない感覚を物理的な環境としてどうつくるか、
　ということである。そのために建物の構成があり、構造システムがあり、素
　材の選択があり、それらの扱い方がある。「L」では一九九九年にでき上がっ
　た「B」以上にそういうことを意識してつくった。構成を見せる努力も、構
　造システムを見せる工夫もしなかった。それらは明快なものでなくてはいけ
　ないけれど、見せるものでもなく、そこに存在していればいいものだと思っ
　た。もちろん隠す必要はない。しかしあえて強調する必要もない。

　　それよりも、そこで実現されるべき「その場の質」の方が大切だと思う。
　ここで求めた「その場の質」は、言葉になりにくいけれど、それでもいうな
　ら「いたれりつくせり」からできるかぎり遠ざかった質、ということである。

住み手がいて、それでつくるのだから、真面目にやればどうしたって身の丈にあった家ができ上がってくる。普通の意味ではそれが設計の目標なのかもしれない。だけれど、僕はそう考えない。今回も、またこれまで僕がつきあってきたどのクライアントの方も、根底的なところでは、そう考えていない。

　身の丈が合うということは、逆にいえば、あらかじめそこでの行動が決められているということである。エルゴノミックスという考え方があるけれど、これはたとえば車の運転席のシートなんかによく使われる。長時間決まった姿勢をとるとき、どんな形のどんな素材のシートがいちばん疲れにくいか、ということから設計する方法である。こういうものが、「いたれりつくせり」の最たるものかもしれない。これは、そこでの行動が明確に決まっている場合にとても有効な考え方である。

　だけれど、と思う。人の住まいというのは、そこでの行動がそんなに決まっているものだろうか。むしろ、決めつけられたら、それだけで窮屈に感じるものではないだろうか。（初出：青木淳「「いたれりつくせり」でないこと」『新建築住宅特集』2000 年 4 月号。『原っぱと遊園地』王国社、2004 年に再掲）

　住まいという部分をみなさんの日々の暮らしに置き換えて考えてみてください。確かに、「いたれりつくせり」な環境があると快適に日々の生活を送ることができるかもしれません。しかし、ここは○○をするために計画された（最適な）場所ばかりに囲まれると、どことなく窮屈な日々を過ごすことになってしまうのではないでしょうか。そうした視点でみると、水辺には何かをするためだけに整備された場所という意味合いが決して強くないことに気づきます。普段水が流れていない河川敷は増水時に水が溢れないように設けられた場所で、そもそも野球やサイクリング、ピクニックをするためにつくられたわけではありません。堤防の法面も段ボールで滑るためにつくられたわけではありません。ボールを投げたり、落書きしたりする橋脚などの巨大構造物、散歩中に腰をかけて一休みするガードレールや階段なども同様です。私たち人間は、こういう場所があったらいいな、と考える（求める）と同時に、今ある環境を使いこなす能力を本能的に備えています。人間がもつそうした本能を、フランスの文化人類学者クロード・レヴィ＝

ストロースは『野生の思考』(1962) の中で人類が古くから持っている知のあり方として「ブリコラージュ」と呼んでいます。現代の水辺は、治水という観点から考えられた土木的構造物によって構成されており、人びとが過ごす上では決して「いたれりつくせり」に計画された場所ではありません。しかし、だからこそ、私たち人間はその場にある資源を寄せ集め、組み合わせ、時に自分でものを持ち込み、工夫して過ごすことができるのです。これからの持続可能なまちづくりを考える上では、誰かが用意してくれたものに頼るだけではなく、足りないものがあれば自分で補っていく、ことが必要になると思います。

5 これから私たちにできること

最後に、持続可能な地域社会のために私たちに何ができるか、提案して本章を終わりたいと思います。

提案：水辺に行くこと、そして水辺を使いこなすこと

文字で書くととても単純で簡単なことでやや拍子抜けしたかもしれません。私たち人間が「豊かさ」というとき、SDGs の目標 15（陸の豊かさも守ろう）にもうたわれている陸域生態系の保全や回復、森林再生、絶滅危惧種の保護といった問題解決が必要なことは言うまでもありません。そしてその解決のために私たちがやらなければならないことが山積していることも事実です。しかし私たちひとりひとりだけでは解決できない難しい問題ばかりです。そのような前提の中で、本章では水辺のふるまいを通して「豊かさ」に対するみなさんの視野を広げようとしてきました。本章で取り上げた水辺には、かつても現代も、高性能な建築や機械はほとんどなく、物理的な環境としては「貧しい」といえるかもしれません。しかし、SDGs で解決すべき課題として取り上げられている貧困や不平等による排除はなく、「いたれりつくせり」ではない場所だからこそ得られる「豊かさ」もあるのではないでしょうか。

本章では、淀川という水辺における人びとのふるまい中心に話を進めてきまし

図4　オープンスペースにおける人びとのふるまい
出所：筆者撮影。

たが、水辺に限らず多くのオープンスペースに人びとのふるまいは存在します（図4）。現代の日本は空き家が多い一方、人口はこれから減少し続けます。これからもしばらく続くであろう「ものが有り余る社会」における、住み続けられるまちづくりのために、水辺のようなオープンスペースが果たすことができる役割は決して小さくないと考えています。（小林健治）

参考文献

スズキナオ・パリッコ『椅子さえあればどこでも酒場──チェアリング入門』Pヴァイン、2019年

齋藤純一『公共性』岩波書店、2000年

槇文彦・真壁智治（編著）『アナザーユートピア──「オープンスペース」から都市を考える』NTT出版、2019年

第8章

淀川の風景遺産とは何だろう？

地域資源としての淀川水景の記憶

Key Word

地域資源、土地の履歴、歴史的風景資源、淀川水景、淀川舟運、京街道、時間的・空間的文脈

SDGs の目標　　目標 11 （住み続けられるまちづくりを）
目標 4 （質の高い教育をみんなに）

STEP1　どんな課題があるの？

淀川水系には、地理的・歴史的要因を背景に形成された多様な「風景資源」が存在します。しかし、一律の水準を満たそうとする都市整備は、そうした地域特有の風景資源を枯渇させかねません。土地の文脈を次世代にどのように継承するのか、ともすれば今を生きる私たちとともに消えゆく有形無形の地域資源と向き合う姿勢が今問われています。

STEP2　SDGs の視点

目標 11 （住み続けられるまちづくりを）：都市と人間の居住地を包摂的、安全、強靭かつ持続可能にする。
〈ターゲット 11.3〉2030 年までに、包摂的かつ持続可能な都市化を促進し、全ての国々の参加型、包摂的かつ持続可能な人間居住計画・管理の能力を強化する。
〈ターゲット 11.4〉世界の文化遺産及び自然遺産の保護・保全の努力を強化する。

目標 4 （質の高い教育をみんなに）：すべての人々に包摂的かつ公平で質の高い教育を提供し、生涯学習の機会を促進する。
〈ターゲット 4.7〉2030 年までに、持続可能な開発と持続可能なライフスタイル、人権、ジェンダー平等、平和と非暴力の文化、グローバル市民、および文化的多様性と文化が持続可能な開発にもたらす貢献の理解などの教育を通じて、すべての学習者が持続可能な開発を推進するための知識とスキルを獲得するようにする。

STEP3　めざす社会の姿

土地の文脈を繋ぐ有形無形の地域資源
「今は何もない」という価値判断から解き放たれ、土地の履歴に埋もれた地域資源を見直すことがレジリエントな地域づくりの第一歩です。土地の文脈を共有し、地域に残る再生不可能な風景資源の新たな価値づけを考える、この姿勢こそがまちに対する市民の誇り （シビックプライド） を醸成し、持続性のある地域社会のデザインに繋がるでしょう。

1 舟運が残した淀川の風景資源

図絵が伝える淀川の舟運

淀川の風景を活写した歴史的資料は数多くありますが、なかでも淀川の風景の記憶を知るのに格好の資料となるのが『澱川両岸一覧』（1861年）、『河内名所図会』（1801年）、『摂津名所図会』（1796年）といった名所案内記です。淀川がいかに人・モノ・情報が行き交う賑わいのある生きた空間だったのかがわかります。鉄道や道路交通が発達する明治期の中頃までは、千艘以上の舟が行き交う場所、それが淀川の日常の風景でした。水辺で1日中、淀川ウォッチングをしていても飽きない光景だったでしょう。淀川を行き来した舟は、帆の形や大きさもさまざまです。なかでも伏見と大阪を行き来した「三十石舟」は、三十石（4,500kg）相当の積載量をもつ旅客船で、長さ15m、幅2mほど、乗客の定数28人、船頭4人の水上路線バスともいえるものでした。

三十石舟は、淀川の代名詞ともいえるほど、淀川の特徴的な風景資源であり、今も復活の動きがあります。『澱川両岸一覧』には、舟を引っ張る人も描かれています。曳舟といい、岸辺から綱で舟を引っ張ったのです。淀川では、曳舟をした場所は9か所あり、三川合流地点に近い淀など、川の流れから人力では遡上が

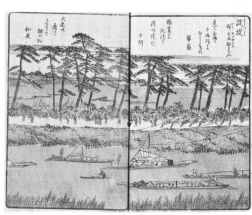

図1　淀の曳舟の風景
出所：暁晴翁、松川半山『澱川両岸一覧』下り船之部上「淀堤」、1860年（摂南大学図書館蔵）。

難しい地点で舟を曳いた風景が伝えられています（図1）。三十石船は、伏見・大阪間を半日または半夜で下り、上りは終日または1晩、運賃も約2倍かかったといわれます。そのため運賃が安い下り舟がよく利用され、京都方面に向かう際には、淀川と並走する京街道のほうが人気があり、往時の人々は水路と陸路を使い分けていました。淀川

沿いの日常に、今では想像もつかないさまざまなアクティビティが繰り広げられていた風景を再認識するのに、名所図会などの資料は大変貴重です。

くらわんか舟——舟運が生んだ水上食堂

三十石舟が繁盛していた江戸時代、枚方の水際はとても賑やかでした。茶船と呼ばれるかまどを積んだ小舟で飯や汁物を煮炊きし、三十石舟の乗客に近づき営業した水上食堂が広く知れわたっていました（図2）。「くらわんか（食べへんのか）」という荒っぽいかけ声で勢いよく営業したこ

図2　三十石舟とくらわんか舟
出所：歌川広重「京都名所之内 淀川」、1835 年頃（メトロポリタン美術館蔵）。

とから「くらわんか舟」と呼ばれたこの茶船は、今では枚方が有名ですが、じつは淀川対岸南方の柱本村（現高槻市柱本）が発祥といわれています。その営業スタイルは当初から幕府に承認され、淀川の水上食堂ビジネスとしてその独占権を与えられていたのが、停船の多い枚方に営業拠点が移ったのです。ゴボウ汁、餡餅、巻き寿司、酒などで旅人の空腹を満たした淀川を代表する"駅弁"ブランドであったくらわんか舟は、同時に水上警護の責務を担い、観光業と社会貢献の両立をはかるビジネスであったわけです。京都と大阪の丁度中間に位置する枚方は、人、モノ、情報が集積する淀川舟運の中継港として、その水辺の光景がいかに賑わっていたかを想像させます（図3）。

水際景観の記憶

今日、淀川水系に暮らす私たちは、日頃どの程度淀川の水辺を目にするのでしょうか。電車や自動車で移動中、淀川に架かる橋を渡る際に、ふとその自然の光景に安らぎを感じる程度ではないでしょうか。淀川はかつて、眺めのいい景色を楽しむ多くの話題の観光スポットで知られていました。

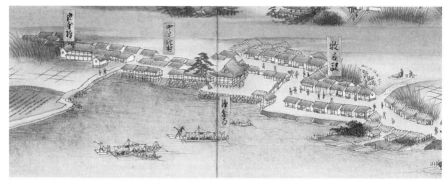

図3　18世紀末の枚方宿の町並み

出所：「よと川の図」枚方宿（大阪市立住まいのミュージアム所蔵：岩間香ほか編『淀川舟遊──若冲・応挙・蕪村も愛した』摂南大学、大阪市立住まいのミュージアム、2015年 p.33）より転載。

図4　淀城ほとりの水車

出所：葛飾北斎「雪月花　淀川」1830年（フランス国立図書館）。

舟で行き交う人々に人気があった風景に、かつて淀城のほとりにあった水車の風景が知られています。淀川の水を城内の池に汲み上げるために回り続ける2基の大きな水車は、乗船客に大変人気があり、この地点を通過する船旅を楽しんだといわれます（図4）。また、くらわんか舟がひしめく枚方の淀川縁には、旅籠屋、船番所、人馬の継ぎ立てや物品輸送などを行う問屋場など重要施設が集まり、淀川の光景を座敷から臨む川座敷建築や淀川から出入りが可能な鍵屋（今日の「市立枚方宿鍵屋資料館」）といった船待ち宿など、京都と大阪の一大中継港を担う瓦屋根の町並みが観光客を受け入れていました。こうした風景資源は部分的に継承・活用されていますが、京都・大阪間の舟運が生んだ重要な地域資源として、今後新たな価値付けを考えることが課題です。

2 継承される淀川水景

つくられた三川合流のイメージ

淀川は、昔も今も変わらない姿で琵琶湖から大阪湾まで流れる河川、といったとかく限られたイメージを現代社会に生きる私たちは抱きがちですが、今日の淀川の風景がどのように形成されてきたのかを歴史的に把握することは淀川水景の再発見に繋がります。

淀川といえば、三川が合流する特別な地点が良く知られています。京都と大阪の境目、右岸の天王山、左岸の男山に挟まれた、桂川・宇治川・木津川が合流する地点です。しかし、三川が 1 か所に集まる今の姿になるのは、明治後半に始まる淀川改良工事によるもので、まだ 100 年ほどの光景です。三川は今の淀のあたりで複雑に近付く河川でしたが、合流するという関係にはありませんでした。このあたりは、伏見の南、淀の東に昭和初期まで存在した巨大な淡水湖「巨椋池」（第1 章を参照）に、宇治川が東から、木津川が南から流れ込み、桂川もこの巨椋池西端に繋がりながら南流するというとても複雑な水域で洪水の多い場所でした。

困難の多い地理的条件に対し、豊臣秀吉は巨椋池に流入していた宇治川を付け替え、伏見に迂回させ、伏見港を整備するといった歴史的な治水事業を行うわけです。こうして、まず巨椋池を経由しないこととなった宇治川が桂川と合流する風景が形成されたのです。他にも巨椋池の太閤堤や淀川左岸の文禄堤といわれる連続堤防の整備など、現代における淀川をとりまく風景の土台を形成したともいえる 16 世紀末期の治水事業が、その後の河内平野の氾濫防止、京都・大阪間の交易や文化の形成に及ぼした影響は計り知れません。どんな風景でも、古来からそこにあるのではなく、その風景が形成される方向に向かう時間的・空間的文脈が背景にあることを認識させられます。

日本初の治水事業

淀川では三川合流のほかに、古くから数々の治水事業が行われており、淀川の流路とその風景は歴史とともに変化してきました。『日本書紀』には、淀川から

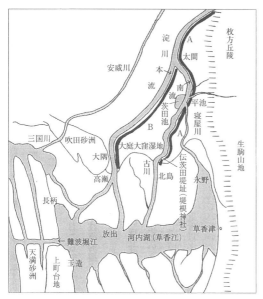

図5　かつての淀川の分流と茨田堤が築かれた場所
出所：茨田堤概略図（『寝屋川市史』第10巻、2008年、p.96）。

その支流・古川にかけての流域、今の寝屋川・守口・門真あたりを水害から守り発展させるため、仁徳天皇が大陸の土木技術を用いて、堤防「茨田堤」の築造を命じたことが伝えられており、五世紀後半から六世紀初頭にわが国で初めての治水工事が完成したといわれています。この築造は難工事であったといわれ、「河内人茨田連衫子の絶間」と「武蔵人強頸の絶間」の生贄伝承がそれを物語っています。前者の伝承が示す寝屋川市太間は、かつて河道が定まらない淀川が頻繁に決壊した場所で、淀川が大きく分流しその1つが古川になるという、今とは大きく異なる淀川の風景が伝えられています（図5：茨田堤は黒線部分）。

　現在の寝屋川市太間あたりで分流していた淀川のこの築堤事業は、後の河内平野、大阪平野の発展に寄与する歴史的にも非常に重要な治水事業であったわけです。また太間町のこの分流地点付近には、今日の淀川下流にある中之島よりもはるかに巨大な「川中島」を形成していったことが知られています。その風景の名残は明治期まで継承されていたことが記録に残っていますが、江戸時代より川中島には、淀川左岸右岸の住民が往来し、耕作と舟運という生産活動がやがて淀川の経済活動に発展していったと見られています。太間のちょうど対岸の淀川右岸にあたるのが、後に枚方で発展を見せる「くらわんか舟」の発祥地といわれる高槻市柱本であり、淀川水景の時間的・空間的つながりが見えてきます。

語り継がれる視点場

　淀川沿川から離れた内陸部においても、淀川を眺望できる地点として大切に記

憶されてきた場所があります。今ではその眺望を手に入れることが難しくとも、淀川への人々の記憶が土地に根付き、語り継がれている点で、大切な地域資源となっています。

　かつて郡と呼ばれた香里園の高台に建つ八木市造邸は、昭和 5 年に竣工した日本近代を代表する建築家・藤井厚二が設計した木造モダニズム住宅です。縁の下から外気を建物内に取り込み、循環させて屋根裏から排出する木製ダクトシステムを採用した先駆的な環境共生住宅として知られています。2 階廊下を幅広に設計し、当時 2 km 離れた淀川の流れを眺望することができた特別な休憩スペースを残しています。旧河内街道に沿う西向きの高台にあるこの香里本通町界隈を歩くと、田畑の向こうに淀川が流れ、夕陽が沈んでいく昔日の光景が目に浮かびます。かつて「淀見丘」とも呼ばれた土地の履歴は、地域住民の間で地域資源として語り継がれています。

　自然の景色を邪魔するビルなどない近代以前はなおさら、淀川の周辺はいずこも美しい眺めを誇ったことでしょう。その中でも、淀川を舟で行く人々も楽しみにした淀川水景の名所といわれたのが「渚の院」です。京阪・御殿山駅近くに梵鐘とともに渚の院跡として伝わるこの場所は、平安期以降、淀川景の中でも格別の地として知られていました。渚の院とは、文徳天皇の第 1 皇子であったにもかかわらず立太子争いに敗れた惟喬親王（844-97）が憂さ晴らしに訪れた別荘地と伝えられる場所です（図 6）。交野ヶ原と呼ばれるこのあたりは平安時代から、多くの野鳥と植物に恵まれた貴族の狩猟地として知られており、親王一行も花見をしながら酒宴に興じ、歌を詠んだ土地です。

　　世の中に　たえて桜の　なかりせば　春の心は　のどけからまし

「ちはやぶる・・・」で知られる歌人・在原業平が詠んだこの歌は、春になると桜の花が咲いたとか、花が散ったとかと騒ぎ立てる傾向があるが、もしこの世に桜がなかったら、人はもっと穏やかに春を過ごしているのに、という桜の花を逆説的に賛美したものです。

　この渚の院はとりわけ京都にまで知れわたるほど美しく咲き誇る桜の名所で

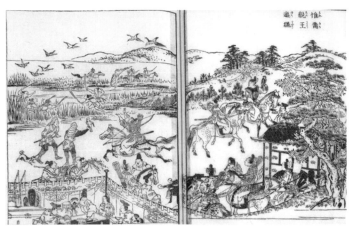

図6　河内名所図会に描かれた渚院／現在の御殿山
出所：秋里籬島ほか『河内名所図会　巻之六』森本太助ほか出版、1801年。

あり、淀川の浅瀬も近くまで来ていた光景が、このあたりに残る渚元町、渚本町といった町名から偲ばれます。

3　舟運と陸運がもたらした賑わいの場

淀川左岸と東海道五十七次

淀川の風景資源は、左岸ばかりではありませんが、淀川左岸に平行して陸路・京街道が整備されたことと左岸の発展を切り離して考えることはできません。伏見城を築造し、宇治川を巨椋池から分離するという大土木事業を行った豊臣秀吉は、さらに文禄5年（1596年）、27kmにわたって淀川左岸の堤防道「文禄堤」を築き、河内平野への淀川氾濫防止、伏見城と大坂城を最短で結ぶ軍事道路の整備に繋げます。この軍事道はすなわち大阪・京橋（後に高麗橋）を起点に京都へと向かう京街道として発展しますが、秀吉は、治水から沿川の都市整備という一大都市計画事業により淀川左岸の風景を大きく方向付けたのです（写真1）。

淀川左岸に賑わいをもたらしたのは、この淀川をとりまく舟運と陸運による物流や情報伝達によるところが大きいことがわかります。京街道は、終着点の大坂に向かう場合は大坂街道と呼ばれますが、江戸幕府は、東海道五十三次を延伸し、

写真 1　淀川堤防「文禄堤」に整備された京街道守口宿の名残
出所：筆者撮影。

伏見宿、淀宿、枚方宿、守口宿の４つの宿駅を設けた大坂街道を取り込み、まさに東海道五十七次として、江戸と大坂は淀川左岸を介して繋がったわけです。街道沿いの宿駅は、参勤交代の大名の休憩や宿泊、大阪・京都間を移動する多くの一般庶民を受け入れるキャパシティを有する町へと発展し、その土地の履歴が今日の各都市の風景資源を形成していることが窺えます。

記憶の中の遊行の地

　京阪本線でも乗降客数がかなり少ない橋本駅。この地にも京街道の賑わいの記憶が刻まれています。もともと橋本は、8世紀、後に東大寺の大仏造立に尽力する行基が架けた山崎橋の袂であったことがその名の由来だといわれます。対岸の京都府山崎は西国街道の山崎宿として江戸時代に大きく発展していきますが、淀川の氾濫により橋は存続せず、かわって江戸時代から昭和中期まで、この三川合流付近に渡船が続いた風景が伝えられています。その立地条件から、橋本は古くから宿場の機能をもち、男山の石清水八幡宮への参拝者や京街道を行き来する人々、西国街道から淀川を渡る人々で賑わっていました。やがて遊郭街として大変賑わった町でしたが、1868年の鳥羽・伏見の戦いで砲撃に遭い、遊郭街の歴

写真2　橋本に残る妓楼建築の佇まい
出所：西紗也香撮影。

史がいったん途切れるなど、盛衰を経て明治以降に再興を果たします。1910年（明治43年）の京阪電鉄の開通はさらに人を呼び、その最盛期であった昭和初期には、80を越える妓楼建築が建ち並んだことが知られています。

　1958年（昭和33年）の売春防止法施行により、他都市での例と同様に、花街としての賑わいは消滅しますが、連続する縦格子や透彫、2階手摺りや鬼瓦など、残存する妓楼建築の佇まいがかろうじて往時の賑わいを伝えています。今日では空き家が目立ち、かつての賑わいの象徴である妓楼建築の町並みは消滅の危機に瀕しています（写真2）。もちろん、こうした花街は負の遺産と捉える向きもありますが、歴史的環境がただ消滅するのを待つのではなく、何が土地の地域資源であり、どのような価値付けが可能なのかを考えることが、これからのレジリエントなまちづくりに求められています。

淀川舟運が残した水辺の都市計画

　淀川の舟運と京街道の陸運は、船着場や宿駅といった場所に、人々が集う空間を生み出しました。その多くの空間資源は、今私たちが暮らす日常生活に息づいています。京都と大坂を結ぶ三十石舟の終着点・八軒家浜は、舟運最盛期に描かれた図（図7）が示すように、船着場として機能性のある広々とした乗船場、雁木と呼ばれる幅広の緩い階段が整備されていました。熊野詣の陸の拠点でもあっ

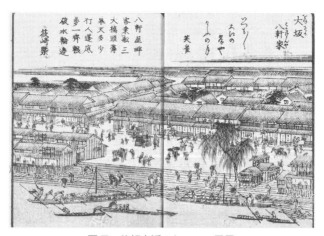

図 7　八軒家浜のかつての風景
出所：暁晴翁、松川半山『澱川両岸一覧』上り船之部上「大坂八軒家」、
1860 年（京都府立京都学・歴彩館デジタルアーカイブ）。

たこの場所が、人・モノ・情報が集積する一大ターミナルとして機能していたことが窺えます。ここは都市計画の観点からも、今日でいう都市広場の役割を担う重要な公共空間でした。21 世紀に入り、この地は水都大阪再生の拠点整備により、親水空間、遊歩道として復活し、今では八軒家浜と枚方間では観光船も運航するようになり、淀川の地域的価値が見直されています。埋もれてしまいがちな歴史的風景資源を読み解き、土地の文脈を現代の地域社会に接続するという視点が、持続性のある社会の構築に向けていま重要視されています。（加嶋章博）

参考文献

木村きよし『淀川絵巻——びわ湖から大阪湾まで』保育社、1988 年

上方史蹟散策の会（編）『京街道——大阪・高麗橋〜京都・伏見宿　東海道五十七次から
　　五十四次を歩く』向陽書房、2002 年

枚方市教育委員会（編）『市立枚方宿鍵屋資料館 展示案内』2014 年

岩間香・谷直樹・服部麻衣（編）『淀川舟遊——若冲・応挙・蕪村も愛した』摂南大学・
　　大阪市立住まいのミュージアム、2015 年

草葉加代子『京街道＋東海道と淀川舟運——加代ちゃんのぶらり一人旅　歴史街道・淀
　　川・関西ご案内〈大阪〜大津編〉』2019 年

② 萱島 高度経済成長期の負の遺産と地域資源

京阪沿川でも稀有な駅といわれる萱島駅。鎌倉時代が起源という樹齢700年以上の巨大クスノキが高架のプラットホームを貫く構造で知られています（写真左）。1977年に駅舎を高架化した際、住民の希望により残されたものです。開拓されたのは江戸時代、萱島流作新田といわれた萱島は、戦前まで田んぼ地であり、淀川、寝屋川の水源に恵まれた土地であった一方、水害も多く、住人はほとんどいませんでした。萱島の長い歴史の証人ともいえるクスノキは語り継がれるまさに地域資源といえます。

町は昭和の町並みそのものです。萱島中央商店街（写真下）、京阪トップ商店街、日新商店街など多くの商店街や、1960年代に急増した関西では「文化住宅」と呼ばれる狭小の住宅が残る町です。高度経済成長期、大都市圏で働く若い世代が京阪沿線に選んだ居住地の1つが萱島だったのです。

高度経済成長期、文化住宅は長屋と違い、2階建て住宅の各戸に台所とトイレを完備した、狭小ながらも落ち着いた暮らしがあり、近所づきあいにより成り立つ人情の町というのが1つの豊かさでした。しかし今日、萱島東地区は、全国的にも特に火災や地震発生時に都市基盤として脆弱な木造密集市街地に位置付けられています。萱島の町では一方で、単なる昭和レトロへの郷愁ではなく、人間的なスケールに見合った都市空間構造が人々の記憶とともに魅力として継承されてきました。駅近くに残る商店街や複雑な道路網、私物の植木鉢などを道路に置いた「あふれ出し」を許容する生活環境などは萱島らしさを色濃く形成しています。文化住宅が数多く供給された時代から育まれてきたこうしたヒューマンスケールな萱島における有形・無形の地域資源はいま、都市整備の観点から、急速な外科的手術により取り除かれています。

木密地域はさまざまな点で現代の基準を下回る側面は確かにあります。しかし、大都市でも長屋がリノベーションにより生まれ変わり、都心に木造建築が取り戻されようとしている今日、高度経済成長期の負の遺産を一掃し画一的な方法で地区整備を行うのではなく、次世代に継承可能な地域資源としてどのような価値付けが可能なのかを考え、地域の文脈を繋いでいく姿勢がいま問われています。（加嶋章博）

第 9 章

淀川流域の文化遺産を
いかに活用すべきか？

淀川流域の名所化と文化遺産

Key Word

名所、大坂文壇、懐徳堂、文化的景観、景観条例、文化財保護、地域文化財

SDGs の目標　　目標 4（質の高い教育をみんなに）
　　　　　　　　　　目標 11（住み続けられるまちづくりを）

STEP1　どんな課題があるの？

高齢化社会を迎えた日本では学校教育だけでなく、多様な生涯学習の機会を持つことが求められています。また、過疎化や世代交代による歴史遺産・文化遺産の散逸も大きな問題となっていますが、これは淀川流域の地域社会においても例外ではありません。観光に特化しない文化財活用のあり方を模索する必要があります。

STEP2　SDGs の視点

目標 4（質の高い教育をみんなに）：すべての人々に包摂的かつ公平で質の高い教育を提供し、生涯学習の機会を促進する。
〈ターゲット 4.7〉2030 年までに、持続可能な開発のための教育及び持続可能なライフスタイル、人権、男女の平等、平和及び非暴力的文化の推進、グローバル・シチズンシップ、文化多様性と文化の持続可能な開発への貢献の理解の教育を通して、全ての学習者が、持続可能な開発を促進するために必要な知識及び技能を習得できるようにする。

目標 11（住み続けられるまちづくりを）：都市と人間の居住地を包摂的、安全、強靭かつ持続可能にする。
〈ターゲット 11.4〉 世界の文化遺産及び自然遺産の保護・保全の努力を強化する。

STEP3　めざす社会の姿

地域の成り立ちや固有の文化を発見・探求すること、またそれらを保護してゆくことで、自らのアイデンティティーを再確認し、人々の文化に対する理解を深めることが期待できます。また、自らの文化を誇るのではなく、文化的多様性を相互に認め合い、他者理解と対話による解決を目指す社会が実現できると考えられます。

私たちの暮らしをより豊かなものにし、住み続けられるまちづくりを目指すためには、物質的な豊かさを追求するだけでは限界があります。「住み続けられる」ためには私たちの世代だけでなく、数世代にわたり暮らしてゆける環境を整える意識を持つことが重要です。逆に考えれば、私たちの先人たちが住み続けてきたからこそ、現在のまちや暮らしがあるのです。つまり、「住み続ける」ことを考えるためには、まずは自分が住むまちとはどのような所なのかを知らなければなりません。自らが住む地域の成り立ちや固有の文化に関する理解を深め、次世代へと継承してゆくことは、その土地に住み続けてゆく上できわめて重要なことだといえるでしょう。そこで本章では私たちの暮らしや文化の形成に大きな影響を与えた淀川を軸にこうした課題について考えてみましょう。

1 「文化のみち」としての淀川

　大阪湾から京までを結ぶ淀川は流通・交通の大動脈として政治的・経済的に重要な地位を占めてきました。そのため、古代から「難波の堀江」や「茨田の堤」などの治水工事が行われてきましたが、とりわけ16世紀末に豊臣秀吉によって整備・造築された一連の築堤工事は淀川の流路を固定化したこれまでにない大規模なものでした。その1つである文禄堤（1594〜96）は氾濫が起こりやすい淀川左岸を約28kmにわたって大改修したもので、堤上に京街道を通すことで、伏見―大坂間の迅速な陸上交通をも可能にしました。

名所化される淀川の古跡

　こうして人々の往来が盛んになり、かつ江戸時代に入り戦争のない平和な世が訪れると人々は生活の中に楽しみを求めるようになりました。その1つが物見遊山です。現代のように電車や車がない時代ではあまり遠出をすることはできません。そのため水陸両方の交通網が発達した淀川流域は大坂や京の人々にとって格好の行楽地となったのです。

　それにともない、淀川流域に点在する神社や仏閣、名勝地や旧跡に光が当てられ、挿絵を添えて由来や伝説を解説したさまざまな案内書が出版されるようにな

りました。例えば、「名所
図会」というシリーズがあり
ます。これは現代でいう『る
るぶ』のようなガイドブック
で、『江戸名所図会』『河内名
所図会』などが有名です。そ
の１つである『澱川両岸
一覧』（図１）は淀川の景色
を収めた色刷の美しい挿絵が
特徴です。また、人々が旅を
するための地図も盛んに刊行
されました。図２は弘化４年
（1847年）に大坂の版元から
刊行された携帯用の地図で、
表に大坂市街地図、裏に淀川
の川筋図を載せています。こ
うした案内書や地図が江戸時
代後期に数多く出版されたの
です。

　このように淀川を介した
人や物資の活発な往来や出版
文化の成熟により、由緒や伝
承、それに関わる文献を集積
して名所が形成されていきま
した。江戸時代の人々は淀川
流域のさまざまな史跡や旧跡
を名所として再構築、すなわ
ち「名所化」していくわけで
すが、これは当時の人々が自

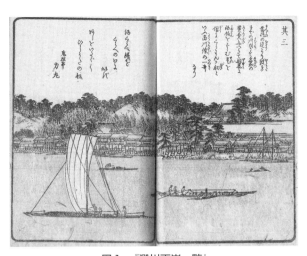

図1 『澱川両岸一覧』
出所：摂南大学図書館蔵。

図2 『大坂指掌図・淀河筋図』
出所：摂南大学図書館蔵。

身が住む地域に関心の眼差しを向けるようになったことを示しています。

淀川で游ぶ大坂の文人たち

　こうした淀川流域の名所化を担った存在が文人です。文人とは儒者や学者、俳人や絵師などの総称、つまり現代でいう文化人にあたります。ここでは懐徳堂に集う文人たちを事例に見てみましょう。

　江戸時代中期以降、日本国内では朱子学が隆盛期を迎え、各地で学舎が興り多くの学者を輩出して互いに交流しながら研鑽に努めていました。懐徳堂は享保9年（1724年）に大坂尼崎一丁目に創建された朱子学舎です。同11年に幕府により認可され、江戸の昌平坂学問所に対して「西の官学」と称された江戸時代中後期における日本最高峰の学問所の1つです。著名な人物として第四代学主の中井竹山がいます。竹山は当代一の学者として認知され、寛政の改革を主導した老中松平定信の政治顧問も務めました。懐徳堂は他地域の学舎（木村蒹葭堂、混沌社、江戸昌平黌など）や学者（豊後の三浦梅園、麻田剛立ら）とネットワークを結び、この時代の儒学を牽引しました。また、谷文晁・福原五岳などの文人画家とも盛んに交流が見られることから、江戸時代における全国の文壇・画壇の中心をなす存在であったといえるでしょう。この懐徳堂に集う文人たちが淀川の川下りを楽しんだ「淀川名所図巻」（摂南大学所蔵）という史料があります。

　「淀川名所図巻」は1760年代後半から1781年の間に作成され、詩歌（漢詩、和歌）と絵を対とする絵巻物で詩歌12点、絵14点が収められています。詩歌の作者には中井竹山、中井履軒、三宅俊楼、加藤景範といった懐徳堂の重鎮たちが名を連ねています。彼らは同じ舟に乗り、淀川を周遊して詩歌に興じたのでしょう。例えば、中井竹山は「牧方下流暴漲図」と題して次のような七言絶句を詠んでいます。「洶に梅霖涌く霽後の波　白肩津を下り黄河に作る　隄は民吏を護り修築を労す　いまだ君王に起きず瓠子の歌」。これはかつて仁徳天皇が築かせた伝承を持つ茨田堤を偲んだ作品ですが（図3）、瓠子とは後漢武帝の時代に黄河に築かれた堤防を指します。このように懐徳堂の文人たちは伏見城、淀城、石清水八幡宮、水無瀬、佐太天神社、天満橋といった淀川流域の名所に臨んで詩歌を創りました。おそらく酒を酌み交わしたこともあったでしょう。

図3 「淀川名所図巻」
出所：摂南大学図書館蔵。

　また、名所化され多くの人々が訪れるようになった淀川流域はさまざまな絵師たちによって流麗な大作が描かれました。円山応挙、伊藤若冲、大岡春卜といった18世紀を代表する絵師によって、川の流れと流域の町・宿・村・名所などを一体の景観として捉えた緻密な風景画が製作されました。

　彼らはなぜ淀川を選んだのでしょうか。それは淀川の風景や名所が彼らの心をくすぐったからなのです。先に紹介した漢詩で中井竹山が淀川を中国の黄河になぞらえていましたが、江戸時代の文人たちにとって、儒教が生まれた古代中国こそが理想とされる時代でした。つまり、淀川は大坂の文人・学者たちにとって、自分たちの理想郷であり、創作意欲をかき立てられる景勝地だったのです。また、彼らのパトロンには豊かな経済力を持つ大坂の商人たちがいました。こうした文化的・経済的環境のもとで名所や遊興地が興隆し、舟・宿場・町の整備・投資が盛んに行われるようになったのです。

　このように淀川とは大坂―京を結ぶ物流の大動脈として大きな役割を果たしていただけでなく、文化的な要素が連なる「文化のみち」でもあったのです。私たちが住み続けられるまちづくりを目指すためには、まず、私たちが暮らす地域の景観や風土がこうした歴史的・文化的背景に基づいていることを自覚しなければなりません。

2 淀川流域の地域社会と文化財

　現在、私たちが暮らすまちはビルや住宅が建ち並び、現代的な風景へと変わってしまったと思うかもしれません。しかし、よく観察するとまちのいたる所に古来の面影が残されています。こうした歴史的景観やさまざまな文化財を調査・活用する方法を枚方と交野を事例に考えてみましょう。

枚方宿の歴史を訪ね歩く

　現在の大阪府枚方市の京阪枚方市駅の北側の東西にはかつて枚方宿がありました。枚方宿は京と大坂を結ぶ京街道上に位置する宿場の１つで、豊臣政権・江戸幕府によって整備されました。また、淀川を下る三十石船の中継港としても重要な役割を果たしました。シーボルトは長崎から江戸に向かう道中で「枚方の環境は非常に美しく、淀川の流域は私に祖国のマイン河の谷を思い出させる所が多い」（『江戸参府旅行記』）と感想を述べているように、風光明媚な地としても知られていました。現在でも街道や宿役人の旧家、船宿、商家など近世の宿場町に基づく歴史的景観を残しています（写真１）。

　枚方市では観光資源として枚方宿の活用を目指し、保全・整備事業を進めてきました。国の景観法は2004年12月に定められましたが、枚方市ではすでに1998年10月の段階で枚方市都市景観形成要項が制定され、その２年後には枚方宿地区まちづくり協議会が設立されています。その後、住民と行政との話し合いを経て2014年３月に枚方市景観条例が制定され、これに基づき景観計画が策定されました（2016年４月１日施行）。

　このような枚方宿の歴史的景観や歴史遺産は地域の歴史を学ぶ魅力的な教材になりえます。摂

写真１　枚方宿
出所：筆者撮影。

南大学外国語学部では博物館学芸員の資格を取得できますが、2015年度の博物館実習という演習において、文献調査、町家の景観調査、文化財調査に取り組み、その成果を『淀川舟游』展でパネル展示しました（大阪くらしの今昔館2015年度特別展、摂南大学40周年記念事業、2015年7/25〜8/31。図4）。

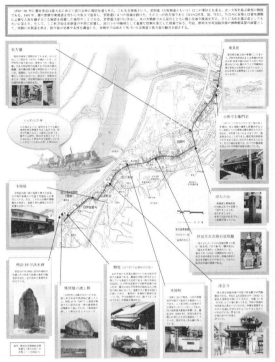

図4 「枚方宿くらわんか！」
出所：2015年度博物館実習生作成。

交野地域における文化財の再発見

枚方市の南に位置する交野市は古くから「名所」と知られる存在でした。中世において名所とは歌枕（和歌に詠み込まれる名所）を指すことが多く、淀川流域の歌枕として著名な名所の1つが交野でした。その由来は『伊勢物語』で主人公在原業平が惟喬親王の供をしてこの地を訪れ、花見の宴で詠んだ和歌をきっかけとします（『伊勢物語』第82段）。以来、交野といえば狩りや桜を想起させる歌枕として貴族たちに繰り返し詠まれるようになりました。また、交野には淀川の支流である天野川が流れ、枚方と奈良を結ぶ磐船街道が通る交通の要衝でもあったため、古代の郡衙や中世河内の守護所が置かれた交野城など、かつては北河内一

図5 『河内名所図会』
出所：摂南大学図書館蔵。

帯の中心地として栄えていました。そして交野の地には当時をしのぶ文化財が数多く残されています。

摂南大学外国語学部赤澤ゼミでは2016年から2019年にかけて交野の文化財を調査し、名所・旧跡を歩いて案内する企画を行ってきました。2016年は交野市を代表する神社である星田妙見宮（図5）の1200年祭に参加し、境内のガイドツアーを行いました（写真2）。準備のため、文献調査だけでなく、境内に残る108点の石造物を調査し、

写真2（上）　星田妙見宮境内ツアー
出所：筆者撮影。

写真3（右）　石造物調査
出所：筆者撮影。

そこからわかる歴史像を考えてみました（写真 3）。例えば、境内には数多くの石造燈籠が奉納されていますが、このなかには江戸積船問屋中や砂糖問屋中といった大坂市中の有力商人が奉納した燈籠があります。これらの商人が奉納したのはおそらく航海安全にも功験がある妙見信仰と関わると考えられます。大坂商人

写真4　交野酒造での試飲会の様子
出所：筆者撮影。

と遠く離れた山中に鎮座する星田妙見宮とは淀川を通じて結びついたのです。また、妙見信仰は北斗七星を祀ることから、この地を流れる天野川とともに星にまつわる伝承が数多く見られます。

　また、2019 年には地元の有名な酒蔵である交野酒造とタイアップして「交野の歴史遺産と酒蔵めぐり」を企画しました。交野市役所が置かれている私部地区は古くから交野地域の政治的・経済的な中心地として栄え、また良質な米の生産地としても有名でした。歴史遺産と食文化との関係をツアー参加者の皆さんに説明し、酒蔵では試飲会も行い盛況でした（写真 4）。歴史的な所産と食文化は密接な関係を築きながらその土地に根ざしています。こうした身近な歴史遺産や食文化を、机の上だけでなく、肌で感じることで、その土地の歴史と現代社会とを接続させて考える機会になるのです。

3 　文化遺産の活用を考える

　近年、日本の文化財行政は大きく 2 つの方向へとシフトしています。1 つは「優品主義・重品主義から地域文化財へ」、すなわち国宝や重要文化財だけでなく、住民の生活に密着した身近な文化財を見出し、保護してゆく方向性です。もう 1 つは「保護から活用へ」です。文化財行政の基本的な在り方が保護と活用の両輪からなることは文化財保護法第 1 条に明記されていますが、観光立国をうたう政府方針のもとで、地域創生・地域振興をより重視する方向へと舵を切ることとな

りました。しかし、こうしたインバウンドを呼び込む方針は時にさまざまな制約を受けることになります。その最たる例が新型コロナウイルスの感染拡大による観光産業の低迷でしょう。すなわち、歴史遺産を観光に特化させることは諸刃の剣でもあるのです。

　それでは観光だけに頼らない地域創生・地域振興を進めるためにはどのような活用を目指せば良いのでしょうか。むろん、答えは1つではありませんが、方法の1つとして住民を主体とした住民のための文化財の活用を考えてみてはどうでしょうか。本章で紹介したように私たちの身の回りには豊かで多様な文化遺産が残されています。それは古文書や考古遺物といった博物館や資料館に展示されるような貴重な文化財だけでなく、町の辻に建つ道標や神社の鳥居・燈籠といった普段は見過ごしてしまうものも、地域の歴史や文化を考える上で重要な資料となりえます。こうした文化遺産を再発見し、住民と行政が一体となって活用してゆく活動は近年、全国の自治体や博物館で盛んに行われています。例えば、東京都江東区では「文化財保護推進協力員制度」というものが1985年から設けられています。これは行政と住民が一体となって文化財の保護・活用に取り組むことを目的としたもので、2年間かけて地域リーダー育成のための講習会を開き、その後、最長10年間、区から嘱託を受けた協力員として区内のさまざまな文化財行政に携わっています。講習会受講者はすでに1,500人に達し、協力員を退任した後も、地域における文化財保護・活用の草の根活動の中心的役割を担っています。こうした方法に学びながら私たちも身の回りの歴史的景観や地域文化財を保護・活用してゆくことが「住み続けられるまちづくり」には欠かせぬものだといえるでしょう。(赤澤春彦)

参考文献

岩間香・谷直樹・服部麻衣（編）『淀川舟游』摂南大学・大阪市立住まいのミュージアム、2015年

大阪成蹊女子短期大学国文学科研究室（編）『淀川の文化と文学』和泉書院、2001年

小泉雅弘『下町の学芸員奮闘記――文化財行政と生涯学習の最前線』文芸社、2005年

第 10 章

都市農業とは何だろう？

歴史的遺産と公益機能

Key Word

都市型公害、地産地消、公益機能、灌漑システム、土地改良区、エシカル消費

SDGs の目標　目標 2（飢餓をゼロに）
　　　　　　　　目標 12（つくる責任つかう責任）

STEP1　どんな課題があるの？
. . . .

近年、地球の温暖化に関連して異常気象が勃発するようになりました。特に都市部では、都市型公害と呼ばれるヒートアイランド現象、ゲリラ豪雨、それに伴う洪水や浸水が頻発しています。また、新型コロナウイルス感染拡大防止でグローバルなバリューチェーンの脆弱さが露見し、地産地消が見直されるようになりました。都市農業は食料生産機能に加えて気候緩和をはじめとする多くの公益機能をもちますが、都市農家は年々減少しています。農家は環境や地域社会に配慮したエシカルな生産、消費者はそれに応じたエシカル消費を実践し、都市農業の保全と振興をすすめていくことが、持続可能な循環共生型社会の形成につながります。

STEP2　SDGs の視点
. . . .

目標 2（飢餓をゼロに）：飢餓を終わらせ、持続可能な農業を促進する。
〈ターゲット 2.4〉2030 年までに、生産性を向上させ、生産量を増やし、生態系を維持し、気候変動や極端な気象現象、干ばつ、洪水及びその他の災害に対する適応能力を向上させ、漸進的に土地と土壌の質を改善させるような、持続可能な食料生産システムを確保し、強靱（レジリエント）な農業を実践する。

目標 12（つくる責任つかう責任）：持続可能な消費・生産形態を確実にする。
〈ターゲット 12.8〉2030 年までに、人々があらゆる場所において、持続可能な開発及び自然と調和したライフスタイルに関する情報と意識を持つようにする。

STEP3　めざす社会の姿
. . . .

環境・生命文明社会です。低炭素政策、資源循環政策、自然共生政策を連携・統合させた、持続可能な循環共生型の社会のことです。

1 農業とはどのような産業だろう？

農業の本質とは──自然に依存し自然を創る

　農業とは、農地を耕して食料や飼料、工芸品などになる植物を育てたり、家畜を飼育したりして、生活に必要な物資を供給する産業です。自然と対立したり征服したりするのではなく、順応するかたちで働きかけ、自然界のあらゆるものを介在した物質循環を通して、その恵みを享受する生産活動です。田んぼに実るお米、畑で育つ野菜、山の果樹、土や川や海の生き物、土、水、大気など、地球上にあるすべてのものは、それ自体が物質の循環を構成する要素でもあります。

　また、農業は食料供給機能のほかに、①洪水防止、②土砂崩壊防止、③土壌浸食（流出）防止、④河川流況安定・地下水かん養、⑤水質浄化、⑥有機性廃棄物分解、⑦大気調整、⑧資源の過剰な集積・収奪防止、⑨生物多様性保全、⑩土地空間保全、⑪社会振興、⑫伝統文化保全、⑬人間性回復、⑭人間教育などの公益機能を有しています。食料は輸送できても、公益機能は農業の実践場所において発揮されるものであり、別の場所では享受することができません。

　狩猟採集だけに頼っていた時代から、農耕が行われるようになり、近年ではAI、IoT、ロボット、ドローンなどを駆使したスマート農業、植物工場など、多種多様な農業形態が見られるようになりました。産業革命で機械化や化学化がすすみ、生産効率は向上しましたが、農業生産を一因とする環境汚染は地球の環境収容力を超えていると指摘されています。

　しかし、どんなに科学技術が発展しても、今も昔も変わらないことがあります。それは、全ての生き物は、太陽のエネルギーと空気や水、土などの自然環境の恩恵に依存しているということ、また、それらは自然からの恵みを消費するだけではなく、自然循環の仕組みのなかで、自らも自然生態系の一部として自然環境の形成にも寄与しているということです。

　農業は地球環境からの恵みを享受する産業であり、地球環境の保全は、農業の持続発展に不可欠です。地球環境への負荷をできるだけ低減し、自然の循環機能を最大限に活かしたエシカルな農業生産の実践が求められています。

光合成生物からの恩恵

　光合成は、太陽のエネルギーを有機物に変換して生物界に取り込む唯一の手段です。葉緑素をもつ植物は光合成によって有機物をつくり、それを養分にして生長します。その植物を草食動物が食べ、草食動物を肉食動物が食べます。食物網の元をたどれば、私たち人間を含むすべての生き物は、生きていくために必要なエネルギーを光合成生物から得ていることになります。

　また、地球上にある酸素は、植物や植物プランクトンなどの光合成生物が放出したものです。光合成は、太陽のエネルギーを使って、水と二酸化炭素から、有機物の一種である糖質と酸素を産生します。地球上の生物は、光合成生物が産生する酸素と、消費する酸素の微妙なバランスの中で生存しているのです。

　石油や石炭などの化石燃料も、元は動物や植物の死骸であり、大昔に光合成でつくられた有機物が姿を変えたものです。道端にひっそりと生えている名もない小さな雑草にも、池の中にいる目に見えない植物プランクトンにも、すべての葉緑素をもつ光合成生物に私たちは依存しています。

歴史的遺産である灌漑システム

　農業を行うためには、まずは土地と種が必要です。酸素と二酸化炭素は、身近な大気圏内に存在しています。では、水はどうでしょうか。日本は降水量も比較的多く、川も多い国ですが、天水だけでは田畑を潤すことは難しく、多くの農地では先人たちが灌漑システムを築いてきました。

　灌漑システムには、河川の水を農業用水として水路に引き込む取水堰や頭首工とよばれる取り入れ口、汲み上げた水を農地まで運ぶ用水路、余分な水を河川等に排出する排水路、また、渇水に備えて貯水するダムや溜め池など、さまざまなものがあります。

　長い歴史を経て全国に張り巡らされたわが国の農業用の用排水路の長さは、末端水路まで含めると地球 10 周分に相当する 40 万 km に及ぶと言われています。灌漑の仕組みは、現在も私たちを潤す先人が残してくれた歴史的遺産です。

2 都市農業について考えてみよう

都市農業とは？

　都市農業振興基本法第2条によると、都市農業は「市街地及びその周辺の地域において行われる農業」と定義されています。

　2018年の統計データによると、都市計画法に基づき、「すでに市街地を形成している区域及びおおむね10年以内に優先的かつ計画的に市街化を図るべき区域」である市街化区域内の農地面積は6.7万ha、農業産出額は6,229億円です。全国の農地面積442万haの約1.5%ですが、販売額は全国の農業産出額9兆1,283億円の約6.8%を占めています。1経営体当たりの経営耕地面積は56aで、全国平均299aの約18.7%であり、農産物の年間販売金額が100万円未満の農家が55%（全国平均は59%）です。消費地に近いという好条件を活かし、年間販売金額が1,000万円をくだらない都市農家も7%存在します。

　都市農業はSDGsの「飢餓をゼロに」という2つめの目標に、食料供給機能を発揮することで大いに貢献してくれています。

都市農業の機能とは？

　都市部は農村部よりも人口が多くて農地が少なく、アスファルトやコンクリートで覆われた舗装道路や駐車場や高層建築物がたくさんあります。これらが原因となり、都市型災害が起こっています。

　たとえば、都市部の気温が周囲よりも高いヒートアイランド現象やそれに伴うゲリラ豪雨と下水道の氾濫や道路の冠水などです。

　こうした都市型災害に対して、都市部にある農地が大気の調整や地下水の涵養などの防災機能を果たしています。その他にも、都市部にあるからこそ発揮できる都市農業の公益機能として、①まちなみにうるおいや個性をもたらす景観創出、②地域にふれあいとコミュニティをうみだす交流創出、③農や食をとおして学びの機会をつくる食育・教育、④新鮮な農産物を供給し、まちおこしにもつながる地産地消、⑤まちの環境を整える環境保全などがあげられます。

都市農業の位置づけ

　都市農業は時代の変遷に伴って、社会的位置づけがめまぐるしく変わってきました。江戸時代には、野菜や商品作物を城下町に供給し、都市部の非農家の屎尿^{しにょう}を土壌還元する「地域の資源循環の要」でした。小学校の校庭や空き地にまでサツマイモを植えつけた戦時中や戦後の食料難の時代には、「なくてはならないもの」でした。

　ところが、高度経済成長期に入り、三大都市圏で劇的な人口増加がおこると、宅地需要が増加し、都市部および近隣の農地は「宅地化すべきもの」とされました。バブル経済の崩壊後、都市農地の開発・転用が必要なくなり、人口減少社会に転換した今日では、2015 年 4 月 22 日に制定された都市農業振興基本法で「あるべきもの」になったのです。

　新型コロナウイルス感染拡大防止で物や人の流れを世界的にとめざるをえなかった時、マスクや消毒液、特定の食料品が商品棚に並ばなくなり、グローバルなバリューチェーンの脆弱さが露見しました。飲食料品はもちろんのこと、生活物資の地産地消が見直されるようになり、都市農業の役割があらためて認識されました。

3　大阪農業を知ろう！

大阪の地形と天井川

　大阪府は、面積 1,905.32km^2 で、全国で 2 番目に小さい都道府県です。北限は豊能郡能勢町、南限と西限は泉南市岬町、東限は枚方市穂谷で、北から南にかけて、やや湾曲したオウムのような形をしています（図 1）。

　大阪府の中心部は、昔は海でした。淀川と大和川の幾度もの洪水で土砂が堆積し、大阪平野が形成されました。府域を流れる河川は、どれも下流部にいくほど緩勾配で排水条件が悪く、古くから排水対策が課題となっていました。

　淀川水系で行われた主な河川工事には、仁徳天皇による茨田堤の築造（4 世紀末）、淀川右岸島下郡の三箇牧の悪水を鳥飼村に井路を掘って安威川に落とす三

図1　大阪の地形概要図
出所：大阪府農業会議編「大阪府農業史」の地図をもとに、橋野恵美作成。

写真1　高槻市唐崎の段蔵
出所：筆者撮影（2020年10月21日）。

箇牧井路の開削（1588）、豊臣秀吉による文禄堤の築造（1594）、海潮の浸水を防ぐ淀川河口の砂州修築による四貫島や九条島の開発（1624）、安威川の川床の上昇により、神崎川に排水する鳥飼井路の開削（1652）などがあげられます。その他、開削された多くの井路は、現在もその機能を果たし、治水の根幹をなしています。

　淀川流域が幾度もの洪水に見舞われたことは、多くの農家が敷地を盛土し、さらに床下を高くした「段蔵」を築造してきたことからもうかがえます。上段には、米や味噌、重要な家財を収納し、洪水時の避難場所としての座敷スペースを設けていた蔵もありました。最下段の蔵には船が天井より吊され、水害への備えがなされていました（写真1）。

　現在も大阪平野は天井川の脅威にさらされており（図2）、地下に雨水をためる貯留空洞や遊水池が設置され、巨大な地下河川は目下、建設中です。公益機能を有する都市農地は都市型災害の回避に多大なる貢献をしているといえます。

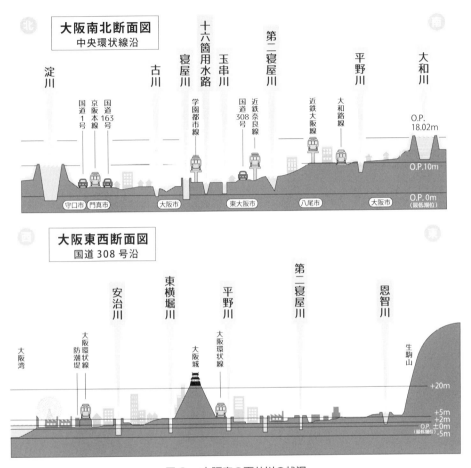

図2　大阪府の天井川の状況
出所：寝屋川市ウェブサイト「寝屋川流域の概要」を参考に橋野恵美作成。
http://www.pref.osaka.lg.jp/kasenseibi/seibi/neyakyogikai_01.html より再作成。

大阪農業の変遷

　「ペティ＝クラークの法則」では、経済社会・産業社会の発展につれて、第一次産業から第二次産業、第二次産業から第三次産業へと就業人口の比率および国民所得に占める比率の重点がシフトするとされています。経済発展で農業は衰退することになりますが、歴史をさかのぼれば大阪農業は都市化によって栄えた時代がありました。

豊臣秀吉が安土・堺の商工業者や大山崎・遠里小野の油絞り業者を移住させ、人口30万人の大坂城下町を建設した後、徳川政権下では、より大規模な大坂城再建と町づくりが行われました。京都の伏見や大坂周辺の商人が大勢移住し、油問屋や綿市問屋も集まり、大坂は1756年には40万人を超える一大商工都市となりました。

　居住人口の増加は、食料の需要増大をもたらしました。お米は廻米が全国から集まりましたが、日持ちのしない野菜類は、近辺の農家からの供給が頼りでした。また、大坂町奉行の重要課題の1つであった都市住民が排泄する屎尿の処理は、淀川に屎尿船を走らせることで近隣農地に還元できたため、都市部の衛生状況の向上と近隣農地の地力向上につながりました。多肥料を要する棉や菜種などの商品作物も栽培されました。淀川の舟運を活用した地域内での資源の循環が成り立っていたのです。

　綿紡績や織物工業が発展し、大阪が「東洋のマンチェスター」とよばれた明治以降には、棉や菜種は安価な輸入品におされて衰退しましたが、米・麦作を軸とし、野菜の輪作や丘陵部でのミカンやブドウ、都市の食品残さを利用した都市型畜産が取り組まれるようになりました。農業構造が大きく変わったのは、昭和30年以降の高度経済成長からです。とくに、大阪は重化学工業化、都市化がすすみ、農地面積や農家人口が著しく減少してしまいました。

　年々、都市農家は高齢化と減少傾向にありますが、現在でも米、野菜、果実、花卉、畜水産物など多岐にわたる集約的な農業が営まれており、シュンギク、フキ、イチジクの収穫量は全国でも3位以内に入っています。

　大阪府内でまとまった生産量があり、独自の栽培技術で生産されるなにわ特産品は、現在21品目（泉州水なす・大阪ふき・大阪なす・紅ずいき・しゅんぎく・泉州キャベツ・泉州たまねぎ・大阪きゅうり・泉州さといも・大阪えだまめ・えびいも・大阪こまつな・大阪みつば・大阪ねぎ・若ごぼう・大阪たけのこ・能勢ぐり・大阪みかん・大阪ぶどう・大阪もも・大阪いちじく）が指定されています。

　また、概ね100年前から大阪府内で栽培されてきた苗や種子等の来歴が明らかな大阪独自のなにわ伝統野菜には、18品目（毛馬胡瓜・天王寺蕪・田辺大根・玉造黒門越瓜・三嶋独活・芽紫蘇・勝間南瓜・吹田慈姑・服部越瓜・金時人参・泉州黄玉葱・

図3　大阪エコ農産物の認証マーク
出所：大阪府ウェブサイト「大阪エコ農産物認証制度」
http://www.pref.osaka.lg.jp/nosei/syokunoanzen/ekonousanbutsu.html より転載。

鳥飼茄子・大阪しろな・高山真菜・碓井豌豆・守口大根・高山牛蒡・難波葱）が指定されています。

　また大阪府では、農薬と化学肥料の使用量を減らし、遺伝子組換え技術を使用しない独自基準によるエコ農産物の認証制度（図3）を設けています。令和2年度には1,194名の農家が認証を取得しており、51,693aの農地で環境に配慮した大阪エコ農産物が生産されています。

神安土地改良区の「神安方式」とは？

　「土地改良区・土地改良区連合」とは、全国に4,477団体（令和元年度調べ）、うち大阪府内には78団体ある農業者の組織です。農業生産の基盤となる水源の確保や用排水路の整備・管理、水田や畑地のほ場整備、農道整備などを行っています。農業用水を利用した小水力発電や太陽光発電に取り組む組織もあります。近年、用排水路、その他の関連設備の老朽化や、土地改良区の組合員の高齢化や兼業化を背景に、とくに都市農業において土地改良区の存続が危機に陥るところもありますが、大阪府には府下最大の組合員数（2,194人）と淀川右岸に受益面積（434.3ha）を誇る神安土地改良区があります。1893年に神崎川と安威川の頭文字をとって神安普通水利組合として発足し、1951年に神安土地改良区に組織変更されました。

　本項では、神安土地改良区にスポットをあて、淀川の右岸と左岸で対照的な展開をみせた土地改良区の状況から、今後の都市農業のあり方について考えます。

　淀川下流域は、古来より洪水の脅威と排水難に悩まされ、いくつかの集落がまとまった領分を輪中堤や縄手で囲い、井路をつくり、段蔵を建てて水害に備え、農業用水の確保と悪水の排水に取り組んでいました。

写真2　三箇牧揚水機場ポンプ棟
出所：神安土地改良区より提供。

写真3　揚水ポンプ
出所：同左。

　高度経済成長に伴って都市化がすすみ、開発による排水量の増大、農業用水の水質汚濁、ゴミの不法投棄などの問題が相次いだ時、右岸の神安土地改良区では、次のような対応をとりました。関係市との協議機関として、土地改良区内に幹事会を設置し、関係市の（担当）部課長を幹事に委嘱したのです。そこで排水施設の改修や水質汚濁に対する用排分離に伴う費用負担、排水施設の維持管理費の費用分担について協議しました。これは、当時の行政にも既存の農業排水路が使えることで新たな下水道を整備する必要がなくなるというメリットがありました。現在でも、農業水路は雨水排水路として、地域住民の安全に寄与しています。

　右岸地域には、古くから「越石」と呼ばれる慣習がありました。これは上流の村の排水井路を下流の村に通す際に、井路敷地の借地料や潰地の補償として上流の村が毎年、お米やお金を下流の村に支払う排水権補償のことです。排水に対する対価授受意識が地域に根付いていたことが、神安土地改良区が市町との協力関係を築くに至った背景としてあげられます。そして、新たな揚水機場や用排分離された水路、都市化による汚水を軽減するための回転円盤法による世界初の農業用水の浄水機場など、数々の水利施設の整備や改善事業を実地されてきました。現在は神安土地改良区の愛称を「水土里ネットしんあん」とし、都市化の中でより地域に開かれ、より身近に感じてもらえるよう地域づくりに向けた事業に取り組まれています。

　一方、右岸と比較して都市化のスピードが速かった左岸の土地改良区では、都市化がもたらす弊害に対して、寝屋川の改修やポンプの増設を行ったものの、農

業のためではなく新興住宅地のためという性格が強いものでした。土地改良区は
関係市町との協力関係をもつこともなく、賦課金徴収もできず、都市のなかに点々
と残る農地だけを守るという姿勢をとらざるをえませんでした。

　神安土地改良区では、ただ単に農地を守るということではなく、行政とタイ
アップして、積極的に地域環境を守ると同時に農地も守るという姿勢をとってき
ました。これからも都市農業は、縮小傾向が続く可能性が年々高まっています。
都市農業の存続に必要不可欠な農業用排水路を都市環境整備と関係づけてきた神
安方式は、今後の都市農業のありかたにヒントを与えてくれます。

エシカル消費が都市農業を守る

　都市農地はあくまでも私有財産ですが、農業の公益機能を考慮すれば、都市に
とって「なくてはならないもの」です。農業用の灌漑システムは、地域の大動脈
であるとともに隅々まで拡がる毛細血管ともいえるでしょう。

　都市農地の存続は都市農家だけの問題ではなく、都市住民にとっても食料の安
定的な供給と快適な環境を整える上で密接に関わる大切な問題です。都市農家は
農業の有する公益機能が適切に発揮されるよう社会的課題の解決を考慮したオー
ガニックやエコ、フェアトレード、動物福祉や環境負荷軽減に資するようなエシ
カルな生産を行うこと、都市住民は地産地消を基本としたエシカル消費を積極的
に行うこと、行政は都市農業の存続のためのインフラ整備や生産者と消費者や実
需者をつなぎ、共に都市農業を守っていくエシカルな仕組みをつくることなど、
それぞれが都市農業存続のためにできることを実践していくことが望ましいとい
えます。

　これは、SDGs の「つくる責任つかう責任」という 12 番目の目標にかかわっ
ており、循環共生型社会の形成につながります。

　農業は都市部においても存続できる限り、残していくべき大切な共有の財産で
す。特に、幾度もの水害の歴史を有し、天井川の氾濫との危険性と隣り合わせで
ある大阪平野に住む私たちが、歴史から学ぶことは多いのではないでしょうか。
（中塚華奈）

参考文献

岡部守『土地改良区と農村環境保全——混住化のなかでの新しい役割』財団法人農政調
　　査委員会、1982年

淀川下流農業水利調査委員会（編著）『都市化地域の土地改良区論』社団法人農業土木学
　　会、1983年

農林水産省近畿農政局淀川水系農業水利調査事務所『淀川農業水利史』社団法人農業土
　　木学会、1983年

第 III 部

淀川流域の社会・経済と SDGs

第 11 章

淀川の左岸と右岸でどう違う？

所得格差と教育問題

Key Word

地域の経済循環、雇用者所得、通勤、見えない貧困、相対的貧困率、子どもの貧困

SDGs の目標 | 目標1（貧困をなくそう）
目標4（質の高い教育をみんなに）

STEP1　どんな課題があるの？

大阪府北部の北河内地域・三島地域では産業構造・人口構造の変化とともにさまざまな社会問題が出現しています。とくに重要なのは、所得格差と教育問題です。所得格差は平均でみるとまだ大きいとはいえませんが、将来の人口減につながると地域の衰退を加速しかねません。所得格差や「見えない貧困」が教育に影響を与えると、貧困を永続・拡大させる怖れがあります。

STEP2　SDGs の視点

目標1（貧困をなくそう）：あらゆる場所で、あらゆる形態の貧困を終わらせる。
地域の貧困を減らすためには、地域経済を振興し生産性を高めることとともに、「見えない貧困」も視野に入れた対策をとることが重要です。とりわけ、非正規就労者や一人親世帯など「貧困」に陥りやすい人々を支える必要があります。

目標4（質の高い教育をみんなに）：すべての人々に包摂的かつ公平で質の高い教育を提供し、生涯学習の機会を促進する。
「貧困」によって子どもに適切な養育・教育環境が与えられないならば、子どもの未来を狭め、「貧困」を永続させることになります。行政・地域が一体になって「子どもの貧困」に対応する必要があります。

STEP3　めざす社会の姿

地域間、個人間の経済格差が大きくなく、社会的な排除につながる「貧困」が存在しない社会。家庭の経済状態にかかわらず、子どもが十分な養育環境、また自分の意欲・能力を伸ばす教育が受けられる社会。行政・住民・企業が一体となって次世代を育む地域社会。これらの実現を目指します。

1 北河内地域と三島地域

　大阪から京都へ、あるいは京都から大阪へ行くには、淀川の左岸を行くか、右岸を行くかどちらかです。左岸というのは川が流れ下る方向に向かって左側、つまり淀川東岸で、右岸は淀川西岸です。国道1号線、第2京阪高速道路、京阪本線が走っているのが淀川左岸、名神高速道路、JR京都線、東海道新幹線、阪急京都線が走っているのが淀川右岸です。

　大阪府に入ってからの淀川は、北から枚方、寝屋川、守口の3市を左岸に、島本町と高槻、茨木、摂津の3市を右岸にして流れ下り、最後は大阪市から海に入ります。左岸の3市は、それに隣接している交野、門真、四條畷、大東の4市とともに、大阪府の地域区分で北河内地域を構成しています。他方、右岸の3市1町に吹田市を加えた地域が三島地域です。両地域の名称は、明治時代の郡名に由来しています。

　両地域は人口からみても、経済規模からみてもほぼ同規模の地域です。しかし、まったく同じでしょうか。この章では、両地域の対比からはじめて、SDGsの2つの目標である、「貧困」の除去と「教育」の保障の問題を地域とむすびつけて考えてみましょう。

2 地域経済の循環構造

　はじめに、都道府県なり市区町村なりの地域において、お金(経済的価値)がどのように回っていて、そのなかに人々の所得がどのように組み込まれているかを考えましょう。これは地域の経済循環といわれる見方で、国全体をとって考えられた国民所得論の考えを地域にあてはめたものです。まず、都道府県なり市区町村なりの単位で地域総生産(GRP)を考え、次に地域の経済主体が得る分配所得、地域で生産される財貨・サービスへの支出総額を考え、それらの関連を捉えます。国単位で考えるさいの財貨・サービスの輸出・輸入は、地域単位では地域外との移出・移入になります。とくに留意しなければならないのは、就業地と居住地の

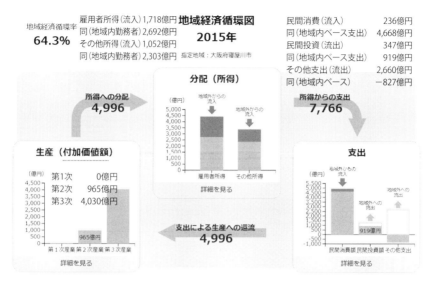

図 1　寝屋川市の地域経済循環図
出所：RESAS（地域経済分析システム）https://resas.go.jp/#/13/13101 より転載。

不一致（通勤者の存在）、事業所の所在地と本社の所在地の不一致による所得の移転で、地域単位の経済循環ではこれが無視できない規模になります。

　政府内の「まち・ひと・しごと創生本部」が 2015 年以来インターネットで提供している RESAS（地域経済分析システム）は、地域の経済循環をグラフィック表示にしてくれます。全国の都道府県、市区町村ごとの表示が可能です。ここでは寝屋川市のグラフィックを例にとって説明しましょう（図 1）。

　生産部面から見ていくと、2015 年に寝屋川市で生産された付加価値額（地域総生産）は 4,996 億円で、第 3 次産業で 4,030 億円、第 2 次産業で 965 億円の価値が生産されています。第 1 次産業は 1 億円に達していません。しかし、市外からの所得流入が、雇用者所得で 1,718 億円、その他所得で 1,052 億円あります。そのため分配所得の総額は 7,766 億円に増えています。そのうち寝屋川市内で民間消費と民間投資として支出される額は 4,668 億円と 919 億円ですが、他地域に流出する民間投資と地域内のその他支出差額が 347 億円と － 827 億円でした。「その他支出」というのは、「政府支出」と「地域内産業の移輸出－移輸入」の和で、寝屋川市では地域内産業の純移輸入額が政府支出をも大幅に上回っているので、

この項目がマイナスになっています。そのため、寝屋川市の経済主体の分配所得のうちで市内で支出された額は総計で 4,760 億円にとどまっています。これに市外からの民間消費支出 236 億円を加えたものが、寝屋川市内で支出によって生産に還流する金額で、これは地域総生産と同額の 4,996 億円になります。支出額を寝屋川市内の経済活動に対する需要、生産額を供給といい換えれば、需要＝供給です。

　寝屋川市の経済主体が得る分配所得の総額に対して、寝屋川市内で生産および支出されている価値額の割合（地域経済循環率）は 64.3％です。いいかえれば、寝屋川市の経済はその住民および法人が得る分配所得の 64.3％しか吸収できていないということです。この割合を増加させれば、市内の商工業・その他の産業が潤います。しかし、この割合は市内の経済主体が受け取る分配所得の全体から、他地域からの所得純流入額を差し引いた額の割合でもあります。寝屋川市のような大都市圏内に位置する通勤都市では、雇用者所得およびその他所得の流入が分配所得総額のかなりの部分（寝屋川市では約 3 分の 1）を占めているのです。もし、他地域に通勤する就業者の所得水準が地域内の就業者の所得水準より高ければ、他地域への通勤者の割合が高い地域の方が、その割合の低い地域に比べて、就業者 1 人あたりの所得水準、ひいては住民 1 人あたりの所得水準を高めることになります。

　表 1 は、北河内および三島地域の 13 市町の、2015 年における地域総生産と総分配所得、雇用者所得と住民あたりの分配所得、そして地域経済循環率を、大阪府および大阪市と並べて示しています。数字は RESAS 等から得ていますが、もともとのデータは 2015 年の国勢調査その他によるものです。

　この表から読み取れることは、大都市大阪市における経済活動が北河内・三島両地域を引きつけている姿です。商工業の一大中心地である大阪市では、就業者 1 人あたりの年間付加価値生産性が 1,000 万円に近く、北河内地域、三島地域に比べてそれぞれ 2 割強、1 割強上回っています。1 人あたりの雇用者所得も高く、それが他地域からの通勤者を引きつけています。通勤者はその所得を居住地にもっていきますから、大阪市は市内で生産された価値の 3 割以上を市外に流出させています。地域の生産額が居住主体の所得を上回りますから、地域経済循環率

表1　北河内・三島両地域の生産活動と分配所得

自治体	大阪府	大阪市	守口市	枚方市	寝屋川市	大東市	門真市	四條畷市
A 地域総生産（億円）	370,891	185,699	3,928	10,534	4,996	3,624	5,417	1,106
B 地域内就業者数（人）	4,146,771	1,930,285	54,233	123,651	72,393	47,022	69,192	14,888
C 同上1人あたり生産性（万円）	894	962	724	852	685	771	783	743
D 同上1人あたり雇用者所得（万円）	483	538	406	428	369	419	452	369
E 所得流入額（流出額）（億円）	(22,439)	(58,292)	1,289	3,006	2,770	742	(462)	743
F 総分配所得（億円）	348,451	126,376	5,218	13,540	7,766	4,366	4,955	1,849
G 住民夜間人口（人）	8,839,469	2,691,185	143,042	404,152	237,518	123,217	123,576	56,075
H 夜間人口1人あたり分配所得（万円）	394	470	365	335	327	354	401	330
I 夜間人口1人あたり雇用者所得（万円）	203	205	191	194	186	202	199	193
J 地域経済循環率（%）	100	147	75	70	04	83	109	60

（下段に続く）

自治体	交野市	北河内地域	吹田市	高槻市	茨木市	摂津市	島本町	三島地域
A 地域総生産（億円）	1,695	31,300	11,798	9,028	8,963	4,165	594	34,548
B 地域内就業者数（人）	18,029	399,408	141,897	109,557	101,745	48,666	7,437	409,302
C 同上1人あたり生産性（万円）	940	783	831	824	881	856	799	844
D 同上1人あたり雇用者所得（万円）	456	416	419	404	448	455	378	426
E 所得流入額（流出額）（億円）	928	9,016	1,795	2,829	1,169	(460)	489	5,822
F 総分配所得（億円）	2,623	40,317	13,593	11,857	10,132	3,705	1,083	40,370
G 住民夜間人口（人）	76,435	1,164,015	374,468	351,829	280,033	85,007	29,983	1,121,320
H 夜間人口1人あたり分配所得（万円）	343	346	363	337	362	436	361	360
I 夜間人口1人あたり雇用者所得（万円）	209	194	209	194	216	220	214	207
J 地域経済循環率（%）	65	78	87	76	89	112	55	86

出所：まち・ひと・しごと創生本部提供「RESAS」および環境省提供「地域経済循環分析」をもとに筆者作成。

は146.7％になります。それに対して、大阪市内で生産された価値の一部をその分配所得総額に流入させている北河内地域と三島地域の地域経済循環率は100％以下で、それぞれ77.6％、85.6％です。

　例外として所得を流出させ、地域経済循環率が100％をこえている門真市と摂津市があります。両市は大阪市に隣接する工業地帯で、市内の事業所に通勤する就業者が、市外へ通勤する就業者よりも多いからです。この率が80％台の吹田、茨木、大東の3市は、それなりにしっかりした経済活動を域内にもっている都市です。この率が50％台、60％台の市町は通勤者のベッドタウンの性格が強いといえます。

　多数の通勤者とそれがもたらす所得の流出入にもかかわらず、大阪市と両地域の1人あたり分配所得にはなお3割程度の差が存在します。人口の年齢分布や世帯構造による影響を無視して考えると、その理由の第1は、商工業の中心地である大阪市には法人や事業主が多いので、利潤などの「その他所得」の大部分が大阪市内に留まるからです。第2には、北河内・三島の両地域における地域内経済

活動の生産性が相対的に低く、それにともなって地域内で就業する住民の所得も相対的に低いことです。

　表1のＨ行では、住民の夜間人口1人あたりの年間所得が示されています。この行の金額では、北河内、三島両地域はともに大阪に大きく差をつけられていますが、三島地域の所得の方が北河内地域のそれより高くなっています。しかし、このＨ行の金額で、住民の富裕度、さらに貧困の程度を判断することはできません。というのは、この分配所得の源泉である地域総生産は、生産を継続するための設備などの維持費（償却費）を含んだ粗額であるうえ、個人あるいは世帯の可処分所得にまわることのない未分配の企業利潤、あるいは投資にまわる利潤部分も含んでいるからです。

　実際に貧困を経験するのは、企業ではなく、個人あるいは世帯ですので、このような大都市地域の住民の所得の高低を考える際には、「その他所得」を除いて「雇用者所得」だけを比較する方が適当でしょう。それがＩ行の金額で、これは他自治体からの流出入分も含めて、地域住民に分配される雇用者所得を居住者（夜間人口数）で割った数字です。これを見ると、大阪市の数字と両地域の数字は近づいてきます。三島地域の4市町は大阪市の水準を上回っていますが、北河内の6市はそれを下回っています。地域平均をとると、大阪市の水準を100として、北河内地域は94.6、三島地域は101.0です。

　以上、地域の経済循環の構造からわかることは、北河内地域は三島地域以上に大阪市からの所得流入に依存していて、地域内での労働生産性、地域内の平均分配所得、平均雇用所得のいずれも三島地域に対して遅れをとっていることです。この差はまだ大きなものではありませんが、両地域における人口の年齢構造の差異を考え合わせると、将来においては、さらに拡大すると予想されます。

3 見える貧困と見えない貧困

　平均では貧困について語ることはできません。平均の数字では、地域内の集団間の格差の存在が陰にかくれてしまいます。格差は、産業や就業上の地位などの経済的要因だけでなく、地域住民の年齢構造や世帯の類型分布によっても出現し

表2　大阪府、大阪市、北河内地域、三島地域の被保護世帯

自治体	大阪府	大阪市	守口市	枚方市	寝屋川市	大東市	門真市	四條畷市
被保護世帯数 (2018年)	221,073	113,543	4,291	5,794	5,396	911	4,530	621
同上1,000世帯あたり受給率	54.8	80.4	64.7	33.9	52.8	17.3	79.7	27.6
働いている世帯員がいない世帯数	186,252	97,233	3,609	4,822	4,495	811	3,661	514
被保護人員 (2018年)	281,816	138,184	5,660	7,855	7,210	1,142	5,939	797
同1,000人あたり受給率	31.9	51.3	39.6	19.4	30.4	9.3	48.1	14.2

（下段に続く）

自治体	交野市	北河内地域	吹田市	高槻市	茨木市	摂津市	島本町	三島地域
被保護世帯数 (2018年)	611	22,154	4,332	4,254	2,689	1,183	121	12,579
同上1,000世帯あたり受給率	20.5	44.2	24.8	28.3	22.3	31.1	9.9	25.4
働いている世帯員がいない世帯数	487	18,399	3,481	3,493	2,209	979	97	10,259
被保護人員 (2018年)	940	29,456	5,802	5,977	3,480	1,587	155	17,001
同1,000人あたり受給率	12.3	25.3	15.5	17.0	12.4	18.7	5.2	15.2

出所：令和元年度大阪府統計年鑑をもとに筆者作成。

　ますが、この章ではそこまで立ち入れません。ここでは、まず、公的な福祉制度の対象として目に見えるようになった貧困、つまり生活保護法の対象になっている被保護世帯とその人数をみてみましょう。それが表2です。ちなみに全国での1,000世帯あたりの保護率は32.3（パーミリ）、1,000人あたりの保護率は16.7（パーミリ）ですが、大阪市は双方とも全国で一番高くなっています。北河内、三島地域では、門真市が大阪市に並ぶ率になっていて、それに続いて守口市、寝屋川市が高い率を示しています。三島地域には、全国の率を超える市町はありません。大阪府の他地域では東大阪市、八尾市、堺市が比較的高い率になっています。大阪の都市部の特定地域に集中している貧困はしばしば注目されていますが、大阪市を囲む周辺都市にも貧困のベルト地帯が存在しているようです。

　北河内地域の被保護世帯の平均世帯員数は1.33人で、大阪市の被保護世帯の1.22人に比べて少し多いものの、ほぼ同水準です。また、働いている世帯員がいない被保護世帯が北河内では83％で、大阪市の85％より少し低目ですが、これも大差ありません。扶助額も、生活扶助費よりも医療扶助費が大きく、近年では介護扶助費が増加しています。生業扶助費や教育扶助費は減少傾向にあります。現在の生活保護の主たる対象は、現役世代というよりは高齢単身者なのです。

　生活保護は、扶養可能な親族がいないこと、現有の資産・収入で生活できる見込みがないことが確認されなければ受給の決定がおりません。本来の政策目的は

貧困防止であったのでしょうが、実際には、既に貧困に陥っていて脱出不可能になっているような人を救う制度になっています。

　とくに門真、守口、寝屋川地域の貧困については、この地域の都市化と産業リストラクチャリングの影響があるでしょう。この地域は、1933年の松下電器の門真移転にはじまる大都市周辺地域の工業化のなかで発展し、1950年代後半から60年代にかけて急激に人口を増加させた地域です。松下（現パナソニック）、サンヨーの下請けとして中小企業が群生し、それに勤める労働者は、近隣地域に無計画に建てられ「文化住宅」と呼ばれた木造2階建アパートに住まいを求めました。急速に産業化・都市化した地域が、1970年代以降の中核企業の地方および海外への生産移転と、2000年代にはじまるリストラクチャリングによって産業構造の転換にさらされたのです。現在この地域で生活保護を受けている高齢者の多くは、高度成長時代にこの地域に移住してきて、日本の産業発展とその後の転換を経験した人たちでしょう。

　生活保護は、担当するケースワーカーを含めて、誰にもわかる「貧困」に対処する制度です。しかし、「見えない貧困」は多様です。何とか外見をとりつくろって生活していても、生活水準が下がる一方で貯蓄を取り崩しているとか、病気や事故など予想外のことが1つでも起きたら生活が崩壊するというような生き方も「見えない貧困」です。無業者、失業者だけでなく、低賃金での労働、危険な労働、短時間あるいは不規則な労働に生活を依存している人々の多く（ワーキングプアともいわれます）も、「見えない貧困」に囚われている人々です。

　この地域の産業構造については別章に譲りますが、この地域のような大都市圏の衛星都市地域では、地域の産業は生産性の低い中小・零細規模の商工業、生活関連の対人サービス業が中心になっています。それによる雇用もパートなどの非正規労働が大きな割合を占めます。大阪府の非正規労働者の割合は全国に比べて高く、非正規労働者の場合は、常時雇用であっても、賃金は地域最低賃金（大阪府では2015年には時給858円、2021年1月現在で964円）に近い場合が多いでしょう。そのような労働で生計を立てている人の多くは、以下に述べる「相対的貧困」のグループに入るか、それに近い状態にあります。中心都市大阪の生産性の高い大企業に勤めている通勤者の所得は、居住地域で就労している人よりも高いかもし

れませんが、飲食業・観光業などの変動の多い産業で就労している場合には、その人たちにも継続的な就労にかかわるリスクが存在します。

　さまざまな現れ方をする「見えない貧困」を統計で示すことは困難です。しかし、最近の貧困調査では、「相対的貧困率」という指標が考案されています。生活の単位として世帯がとられるので、世帯の収入が一定基準を下回る世帯の割合、あるいは全人口を母数にすれば、そのような世帯に属している人の割合になります。世帯の収入としては、全体の収入から税金・保険料を差し引いた手取り収入（可処分所得）を世帯人員数に応じて調整した「等価可処分所得」を考えます。調整の仕方としては、世帯人員の平方根で割る方法がふつう用いられます。それぞれの属性の世帯の「等価可処分所得」の中央値の半額で「貧困線」が引かれ、それより下回る世帯人員の割合が「相対的貧困率」です。

　厚生労働省の『平成 28 年国民生活基礎調査』によれば、2015 年時点の「等価可処分所得」の中央値は、1 人世帯で 244 万円、2 人世帯で 345 万円、3 人世帯で 423 万円、4 人世帯で 488 万円で、「貧困線」はそれぞれその半額です。2015 年では、この貧困線より下の「等価可処分所得」しか得ていない世帯員の割合（相対的貧困率）が 15.6 ％でした。

4　子どもの貧困と教育問題

　SDGs で「貧困」（目標 1「貧困をなくそう」）と並んで重視されているのは「教育」（目標 4「質の高い教育をみんなに」）です。この 2 つの目標は深く結びついています。というのは、「貧困」の大きな原因の 1 つは、「教育」が与えられないか、与えられても質の悪い「教育」でしかないために、人々の能力が開発・活用されないことにあるからです。貧困家庭に育った子どもが質の低い教育しか受けられず、その能力を伸ばすことができないとすれば、大人になっても、生産性も報酬も低い仕事しか得られず、貧困が次の世代にも続くことになります。こうした連鎖を防止することが、「貧困」をなくすことにつながります。「生活保護」はすでに起きている「貧困」への対策ですが、次世代である子どもに焦点をあてて、その健全な養育および教育を保障することは、「貧困」の防止・除去のための積極的な対

策になります。そのため、日本でも、2013年に「子どもの貧困対策の推進に関する法律」が与野党一致の議員立法として成立し、政府も地方自治体も「子どもの貧困」をなくすことを重要な政策課題にとりあげています。

「大阪府子どもの生活に関する実態調査」

　大阪府は2015年に府内13市町（大阪市、枚方市、門真市、交野市、吹田市を含む）と連携して、小学校5年生および中学校2年生とその保護者を対象にした実態調査を実施しています。結果は市町別には整理されていませんが、北河内・三島両地域のような衛星都市地域でも当然あてはまるでしょう。

　この調査では、先に出てきた「貧困線」（中央値の50％水準）より下の「等価可処分所得」の世帯を「困窮度I」のグループとし、その上に「困窮度II」（中央値の50〜60％）、「困窮度III」（60％以上中央値未満）を設定して結果を整理しています。「困窮度I」は、厚生労働省の「相対的貧困」と同じ基準です。結果は、統一的な調査法で実施された府下30市町村については等価可処分所得の中央値は274万円になり、その50％より下に入る「困窮度I」の「相対的貧困率」は12.4％でした。しかし、大阪市や北河内3市を含む13市町の数値を調整なしに単純に加えた場合には、中央値が255万円に低下し、「相対的貧困率」は14.9％に増加します。

　この調査は数々の深刻な実態を示しています。第1には、小学生・中学生の子どもをかかえた「困窮度I」の世帯のあり方です。この「困窮度I」グループの約5割が母子世帯であり、また「困窮度I」グループで正規雇用についている世帯員がいる世帯は約4割にとどまっていました。さらに「困窮度I」グループに属しながら「就学援助」を受けたことのない世帯、「児童扶養手当」を受けていない世帯がそれぞれ1割程度いました。

　第2は、困窮世帯の子どもほど学習理解度について「よくわかる」「だいたいわかる」と答える割合が低く、また授業時間以外の勉強時間について「まったくしない」と回答する割合が高くなっていました。進学希望についても、「大学・短大・大学院」を選ぶ割合が低くなっています。つまり、相対的貧困が何らかのかたちで子どもの学習成果・学習意欲・進学意欲を低下させていることが明らか

152

にされました。

　第3には、「困窮度」が高い世帯の子どもほど、「孤立」に陥りやすいということです。2割ほどの子どもは放課後にひとりぼっちでいて、「困窮度」が高いほど保護者と一緒にいる時間が少なくなります。保護者と一緒に朝食をとる割合が低いだけでなく、「毎日又はほとんど毎日」朝食をとる割合まで下がるというのは衝撃的な調査結果です。

　貧困は、子どもの学習意欲を阻害するだけでなく、保護者の子どもに対する積極的態度も阻害します。保護者が子どもの学習や進学の意欲を削ぐような悲しいこともおこりかねません。すぐに世帯の困窮状況を解決できないとすれば、子どもの生活および学習を学校、地域行政が一体になって見守り、学習成果や高校・大学等への進学または職業教育の経済的保障も含めて、支援する体制を整備することが必要でしょう。(八木紀一郎)

参考文献

日経ビッグデータ編集部(編)『RESASの教科書』日経BP社、2016年

鯵坂学・西村雄郎・丸山真央・徳田剛(編著)『さまよえる大都市・大阪』東信堂、2019年

「大阪府子どもの生活に関する実態調査」https://www.pref.osaka.lg.jp/attach/28281/00000000/01jittaityosahoukokousyo.pdf

③　淀川流域の地域支援のあり方

　SDGs の目標として取り上げられている「貧困」と「教育」は子どもに密接な課題です。これらの課題に対して、地元の大学や大学生ボランティアによる学習教室の開催は複数の地域で行われています。

　しかし、どの市町村にも大学が存在するわけではありません。大学がない地域では大学生と接する機会を増やし子どもの進学意欲につなげたいと考え、近隣地域に存在する大学との連携を積極的に行う場合があります。

　こうした状況の中、市内に大学が存在しない門真市でもさまざまな子ども向けの取り組みを行っています。その取り組みは子どもに対する直接的な学習支援の枠を越えて子どもたちの楽しみや安全のためのものが含まれています。摂南大学の学生が関わっている例を以下に示しますと、

・ 夏の市民まつり……子ども向け施設の利用者増加を狙った企画の提案、開催イベントの満足度評価アンケートの実施・分析
・ 秋の商業団体主催イベント……子ども向けの工作教室やゲームブースの企画・運営、市内市外の地域物産ブースの開催
・ スポーツ教室……公共施設の活性化策の提案、ドッジボールやインドアホッケーなどの室内競技の実技指導
・ サイバー防犯教室……小学生、中学生向けにスマホの安全な使い方や SNSのトラブル防止についての解説

など、大学生の感性や行動力を活かすものから、大学の専門性を活用したものがあります。学生自身が企画から運営、さらには評価、分析、そして、次の改善提案へとつなげているものもあり、大学生にとっての実践的な学びとなるとともに、SDGs につらなる地域の課題に気づく機会にもなっています。

　地域での活動はややもするとマンネリ化し、惰性で衰退していく危険性があります。部外者である学生や大学が参画することの効果も弱くなってしまいますので、大学と地域（行政、市民団体、企業など）のそれぞれが SDGsの理念を理解し、継続的な発展を意識したコミュニケーションが重ねられることが望まれます。（久保貞也）

第 12 章

若年層と女性就業者の流れは
淀川流域をどう変えるのか？

地域間人口移動に注目しよう

Key Word

地域間人口移動、自然増減、社会増減、転入超過、都心回帰、就業機会

SDGs の目標　　目標 5（ジェンダー平等を実現しよう）
　　　　　　　　　目標 11（住み続けられるまちづくりを）

STEP1　どんな課題があるの？

近年、都市部の利便性を求めて人口が都市部に流入する都心回帰と呼ばれる現象が生じています。人口減少時代に入って各自治体は自地域から人口が流出しないよう努めており、都心的な利便性という点だけでなく現実的な暮らしやすい環境を整える政策を模索しています。

STEP2　SDGs の視点

目標 5（ジェンダー平等を実現しよう）：ジェンダーの平等を達成し、すべての女性と女児のエンパワーメントを図る。
〈ターゲット5.4〉公共のサービス、インフラ及び社会保障政策の提供、並びに各国の状況に応じた世帯・家族内における責任分担を通じて、無報酬の育児・介護や家事労働を認識・評価する。

目標 11（住み続けられるまちづくりを）：都市と人間の居住地を包摂的、安全、強靭かつ持続可能にする。
〈ターゲット 11.7〉2030 年までに、女性、子供、高齢者及び障害者を含め、人々に安全で包摂的かつ利用が容易な緑地や公共スペースへの普遍的アクセスを提供する。

STEP3　めざす社会の姿

淀川流域地域は都心へのアクセスが良いだけでなく、豊かな自然や歴史の深さなど多くの利点を有しています。現実的な暮らしやすい環境を模索していくことで住民が暮らし続けられる豊かな地域が実現するでしょう。

1 人の流れと地域人口の関係

地域人口と地域間人口移動

　今、淀川流域地域を含む大阪府の市町村は人口や就業者の観点で高度経済成長期以来長く続いてきた動向を大きく変容させようとしています。この近年の変化はSDGsの目標5（ジェンダー平等を実現しよう）と目標11（住み続けられるまちづくり）に深くかかわっています。第11章では地域の所得水準について論じられましたが、地域の所得水準を規定するのは地域人口、就業者数、地域外への通勤、地域の産業構造などです。この第12章では地域構造を規定する最も基本要素である人口と就業者の構造について都心回帰という近年のトレンドを軸に解説していきます。

　まず、社会全体の人口動向を概観しておきます。日本の総人口は2008年に1億2,808万人のピークを迎えましたが、その後は減少するようになり、2008年から現在まで1年あたり約19万人ずつ減少しています。日本は本格的な人口減少時代を迎え、2050年代には1億人を割り込むことが予測されています。しかし、人口は全ての地域が一様に変化していくわけではありません。特に都市圏と地方圏ではその動向に大きな差異があります。都道府県や市区町村など地域人口については以下の等式があり、地域人口の構造を理解する上で重要な考え方になっています。

　　地域人口＝自然増減＋社会増減
　　自然増減＝出生数－死亡数
　　社会増減＝転入数－転出数

　自然増減は出生数から死亡数を引いたもので人口の自然上の増減を表しています。一方、社会増減は国、都道府県、市区町村といったひとまとまりの空間に対する出入りを表していて、ある一定期間内に他地域から自地域へ移動してきた人数を転入数、逆に自地域から他地域へ移動した人数を転出数といいます。社会

増減は転入数から転出数を引いたもので、当該地域における社会的な増減を表しており、転入超過数とも呼ばれます。地域人口は自然増減と社会増減の両方の影響を受けるわけで、日本全体の人口が趨勢的に減少傾向に向かうなかで地域人口において社会増減の影響が注目されます。

戦後の日本人口に関して最も大きな出来事といえるのは高度経済成長期に地方圏から都市圏に向かって膨大な人口移動が生じたということです。地方圏、都市圏にどの都道府県が含まれるかはさまざまな定義がありますが、おおむね首都圏（東京都、神奈川県、埼玉県、千葉県）、中京圏（愛知県、岐阜県、三重県）、近畿圏（大阪府、兵庫県、京都府、滋賀県、奈良県、和歌山県）を都市圏、それ以外の道県を地方圏ということができます。

戦後の高度経済成長は急速な工業化を原動力としていたため、首都圏、中京圏、近畿圏の三大都市圏において膨大な労働需要が発生し、地方圏から大量の労働人口を引き寄せることになりました。高度経済成長期の 1955 年から 1973 年までの約 20 年間には首都圏で 554 万人、近畿圏で 235 万人という膨大な転入超過を示していたのです。しかし、1970 年代後半に高度経済成長が終焉すると近畿圏や中京圏は転出超過が基調となり、1980 年代から現在に至るまで首都圏のみが転入超過を継続するようになります。

このように人口の社会増減に関しては首都圏一極集中といえる状況が続いてきたわけですが、21 世紀に入り新しい現象が生じるようになりました。都市圏全体としては転出超過を示してきた近畿圏や中京圏においても中心部の大阪市、神戸市、京都市や名古屋市では 2000 年ごろを境にして転入超過に転じるようになったのです。このような現象は地方圏の中心都市でも見られ、特に札幌市、仙台市、広島市、福岡市の地方中枢都市は 1980 年代から一貫して転入超過が基調となっています。21 世紀に入って鮮明となった大都市への人口集中の傾向は都心回帰と呼ばれるようになります。

地域間人口移動の要因

ここからは大阪府に焦点を絞って都心回帰と地域の人口動向を検討します。まず、全国的な視点で他地域と大阪府との間の人口移動を考えましょう。そもそも

地域間で人口移動が生じるのはどのような理由によるものでしょうか。地域間人口移動の要因は大きく2つに分けることができて、それはライフサイクル的要因と経済的要因です。

① ライフサイクル的要因
大学進学、就職、結婚などの人生のライフサイクルに起因する

② 経済的要因
賃金格差や就業機会格差、転勤、転職、退職など労働市場に起因する

　特に都道府県をまたぐ移動の場合にはさまざまな費用がかかりますので、移動によって得られるメリットが移動費用を上回った時に人口移動は生じます。ここでの移動費用とは単なる引っ越し費用というのではなく、移動に伴って発生する環境変化や人間関係の変化などさまざまな変化に伴う心理的費用も含まれています。従来から地域間人口移動を生じさせる要因の中で地域間賃金格差が最も重要であることがわかっていました。相対的に賃金水準の低い地域ほど県外への人口流出率が高く、高い賃金を求めて都市圏への人口移動が生じてきました。
　次いで重要な要因は就業機会（雇用機会）の格差です。高度経済成長期における地方圏から都市圏への人口移動は都市圏で豊富な労働需要が発生したことによります。ここで地域間の賃金格差と就業機会格差を分けて述べましたが、両者は密接に関係していますので同じ要因の側面ということもできます。さらに、大学進学、就職、結婚といったライフサイクル的要因もライフサイクルを広く見れば就業機会にかかわっているといえるでしょう。
　地域の社会増減を表す転入超過数は転入数から転出数を引いたものです。転入と転出のどちらが上回るかによって転入超過になるか、転出超過になるか決まるわけですが、社会増（転入超過）、社会減（転出超過）の継続的な傾向はその地域の経済活動、地域政策、福祉環境などが他地域の住民からどのように評価されているかを総合的に示しているということができます。地方財政の理論に「足による投票」という考え方があります。自治体（都道府県・市町村）によって提供さ

れている行政サービスの質や量にはさまざまな地域的差異がありますが、住民は
自分の好みに最も適合する自治体を選択し、そこに居住するということを投票に
なぞらえたものです。都道府県をまたぐ地域間移動の場合は先に述べたようにさ
まざまな金銭的・心理的費用が発生しますから、現実の人口移動は行政サービス
だけでなく、移動者は多くの要素を勘案して決定することになります。

2　人の流れの新しい動向

若年層と女性就業者の動きが地域人口を変える

　ある地域と他地域の間の人口移動は移動者の属性によってさまざまな側面か
らその傾向や特徴を見ることができますが、重要なところでは男女別、年齢別、
転出元地域別という属性があげられます。大阪府全体としては 2010 年代に入っ
て転入超過の傾向が定着するようになりましたが、男女別では男性よりも女性の
方が転入超過数が多く、2010 年代後半の年間平均では女性の転入超過数が 1 年
当たり約 4,000 人も男性より多くなっています。

　年代別の特徴を見ると、大阪府の転入超過は 2010 年代を通しての特徴として
10 代前半から 20 代後半までと 40 代後半から 50 代前半までが転入超過、それ以
外の世代はおおむね転出超過になっています。これは 5 歳刻みの年齢データによ
るものですが、2010 年代の 10 年間で男性 10 代後半（15 ～ 19 歳）、女性 10 代後半、
男性 20 代前半（20 ～ 24 歳）で約 1 万 5,000 人、女性 20 代前半で約 4 万 9,000 人
の転入超過があり、この属性が大阪府の社会増の最も大きな部分を占めています。
このことから大阪府の社会増の大部分は若年層における進学、就職、企業内異動
によるものであり、2010 年代に雇用拡大が着実になったことを示しています。

　地方圏から都市圏への人口移動において女性の動向の影響が大きいことは従
来から指摘されてきました。2014 年、日本創生会議が少子高齢化に伴う地方圏
の衰退について分析した報告書が大きな反響を呼びましたが、その中で地方圏に
おける 20 代～ 30 代の女性の流出率が高いことが地方圏衰退の最大要因と指摘さ
れました。また、天野（2020）は首都圏や大阪府における転入超過において（1）
女性の定着率が高い地域になること、（2）20 代前半を中心とした新卒または早

い時期の転職時に就職地として選ばれる地域であることの重要性を指摘しています。2010年代の大阪府の社会増について大阪府の特徴はどちらにも当てはまるといえるでしょう。

若年層と女性の動きと都心回帰

　首都圏や大阪府において若い世代の就職・転職を理由とする流入が多数であるという状況は産業構造の観点から検討することができます。荒木（2020）はこの動向について次の点を指摘しています。(1) いざなみ景気（2002年2月〜2008年2月）において製造業が好調であったので、製造業で多くの雇用が生まれ、自動車産業を中心に製造業のさかんな東海（中京圏）の方が関西（近畿圏）よりも転入超過が多かった。(2) アベノミクス景気（2012年12月〜2018年10月）において引き続き製造業は好調であるものの、海外投資が進んだので製造業の雇用吸引力は低下した。一方、インバウンド市場の拡大によりサービス産業が好調となり、関西においては製造業よりもサービス産業の成長率が高まり、それに伴う転入超過が増加した。(3) 製造業雇用は男性の比率が高く、小売業、宿泊業、サービス業といったサービス産業雇用は女性の比率が高いので、近年、関西の社会増の好調において女性中心となっているのはそのことから説明できる、というものです。

　国勢調査は5年ごとの調査なので現在得られる最新データは2015年のものですが、5年前の2010年と比較して地域における転入者がどの産業に属しているかを見ることができます。2010年から2015年までの間に大阪府に転入してきた就業者について所属する産業を男女別に見ると以下のようになります。男性では製造業（23.8％）、卸売業・小売業（16.2％）、情報通信業（7.6％）、建設業（6.3％）、女性では医療・福祉（19.6％）、卸売業・小売業（17.8％）、宿泊業・飲食サービス業（8.4％）、教育・学習支援業（7.0％）の順になります。比較のために東京都の状況を見ると、男性では製造業（15.6％）、情報通信業（14.7％）、卸売業・小売業（12.7％）、公務（7.0％）、女性では卸売業・小売業（15.9％）、医療・福祉（15.6％）、情報通信業（8.8％）、宿泊業・飲食サービス業（8.4％）の順になります。東京都や大阪府の都市圏において転入者の属する産業は男性では製造業、情報通信業が多く、女性では医療・福祉、卸売業・小売業、宿泊業・飲食サービス業といった

サービス産業が多いことが確認できます。2010 年代の大阪府の社会増について男性よりも女性の転入超過が多かったのはサービス産業の雇用吸引力によるものといっていいでしょう。

3 大阪における都心回帰

　本節では大阪府内の人口動向を検討します。大阪府には 8 つの地域ブロックがありますが、本書は全体を通して淀川の右岸と左岸に当たる三島地域と北河内地域に着目して論を進めています。三島地域は吹田市、高槻市、茨木市、摂津市、島本町の 4 市 1 町、北河内地域は守口市、枚方市、寝屋川市、大東市、門真市、四条畷市、交野市の 7 市です。

　直近 10 年間に当たる 2010 年代において大阪府の都心回帰の傾向は明確になっています。2010 年にはすでに大阪府全体も大阪市も転入超過に転じていますが、2010 年代後半（2015 年〜 2019 年）にその傾向はさらに強まり、期間中の大阪府全体の自然減が 10.2 万人であるのにたいし、社会増は 8.3 万人を示しています。2010 年代後半の 5 年間について市町村別にみると社会増の多くは大阪市が占めていますが（9.6 万人増）、北摂地域とよばれる吹田市、豊中市、箕面市、茨木市、池田市、摂津市、島本町も社会増が続くようになります（合計で 2.6 万人増）。一方、南河内、泉北、泉南地域の市町村の多くは社会減が続くようになり、大阪府内で人口の社会増減の二極化が進んでいます。

　では、なぜ特定地域において社会増が続き、人口増減の二極化が進むのでしょうか。佐野（2017）によると 2000 年代以降の都心回帰の要因には① 1990 年代後半からの規制緩和により都心部の高層マンション供給が増えた、②単身世帯・共働き世帯の増加や女性の労働参加率上昇により通勤時間の短い都心部居住が好まれるようになった、③金利低下によって住宅ローン返済額が低減しマンション購入の割安感が高まった、④都心部でコンビニ、スーパーが増えるといった都心部の利便性向上があげられます。要約すると利便性の高さを求めて都心部へアクセスしやすい地域が好まれるようになってきたということです。

表1は2010年代後半の5年間について大阪府内43市町村の人口増減、自然増減、社会増減を示したものですが、社会増の大きさによって総数の人口増減がプラスになっている市町が見受けられます。さらに注目すべきことは社会増の大きな市は自然増もプラスになっているということです。このことは大阪都心部の最も中心に当たる区においてより鮮明になります。2010年代後半5年間で社会増が多い大阪市の区は北区（1.3万人）、西区（1.0万人）、中央区（0.8万人）、浪速区（0.7万人）、淀川区（0.7万人）の順になります。また、2015年国勢調査において全国の20代と30代の全年齢に占める比率はそれぞれ9.7％、12.3％ですが、北区（14.5％、19.1％）、西区（14.9％、21.8％）、中央区（17.2％、21.5％）はそれを大きく上回っています。65歳以上の高齢者の比率は全国平均で26.3％ですが、これらの区では15～18％にとどまっています。少子高齢化の進む日本の中で都心回帰による都心部への人口流入は都心部を「若返る町」に変貌させています。

　大阪市中心部と並んで社会増が定着しつつある摂津地域において社会増と自然増が同時に生じている吹田市、茨木市、摂津市では20代・30代比率がそれぞれ吹田市（10.6％、12.8％）、茨木市（10.0％、13.2％）、摂津市（10.9％、13.6％）と全国平均よりも高くなっています。一方、社会増は生み出しつつも自然増にはいたっていない豊中市（9.5％、12.6％）、箕面市（9.9％、11.2％）は全国平均とほぼ

表1　大阪府43市町村の人口増減、自然増減、社会増減（2015～2019年）

	人口増減	自然増減	社会増減		人口増減	自然増減	社会増減		人口増減	自然増減	社会増減
大阪府	-19,235	-102,906	83,671	和泉市	-1,355	-1,361	6	羽曳野市	-4,085	-2,599	-1,486
大阪市	59,654	-36,664	96,318	河南町	-517	-470	-47	阪南市	-3,095	-1,319	-1,776
吹田市	10,712	1,888	8,824	忠岡町	-594	-416	-178	柏原市	-3,242	-1,214	-2,028
豊中市	7,457	-573	8,030	熊取町	-667	-423	-244	貝塚市	-3,600	-1,255	-2,345
箕面市	3,224	-116	3,340	千早赤阪村	-586	-329	-257	大東市	-3,865	-1,414	-2,451
茨木市	3,580	1,394	2,186	四條畷市	-843	-558	-285	門真市	-5,028	-2,574	-2,454
池田市	988	-777	1,765	岬町	-1,134	-843	-291	枚方市	-6,454	-3,996	-2,458
守口市	-1,153	-2,677	1,524	太子町	-703	-203	-500	富田林市	-4,898	-2,272	-2,626
大阪狭山市	953	-310	1,263	松原市	-3,333	-2,672	-661	岸和田市	-5,986	-2,966	-3,020
島本町	933	3	930	能勢町	-1,328	-590	-738	河内長野市	-6,413	-2,858	-3,555
摂津市	1,318	394	924	高槻市	-4,012	-3,008	-1,004	堺市	-12,932	-9,133	-3,799
八尾市	-3,245	-4,162	917	藤井寺市	-2,033	-1,015	-1,018	寝屋川市	-8,953	-3,261	-5,692
泉佐野市	-923	-1,675	752	東大阪市	-10,196	-9,152	-1,044				
高石市	-510	-725	215	泉大津市	-1,658	-486	-1,172	北河内地域	-26,719	-15,088	-11,631
交野市	-423	-608	185	豊能町	-2,061	-887	-1,174	三島地域	12,531	671	11,860
田尻町	109	-53	162	泉南市	-2,338	-971	-1,367				

注：単位は人。転入超過数の多い順に並べている。
出所：総務省統計局「住民基本台帳人口移動報告」各年版をもとに筆者作成。

162

表 2　北河内地域と三島地域の自然増減・社会増減（2015～2019 年）

	人口増減	自然増減	社会増減	19 歳以下		人口増減	自然増減	社会増減	19 歳以下
北河内地域	-26,719	-15,088	-11,631	450	三島地域	12,531	671	11,860	3,728
守口市	-1,153	-2,677	1,524	-137	吹田市	10,712	1,888	8,824	2,437
枚方市	-6,454	-3,996	-2,458	1,803	高槻市	-4,012	-3,008	-1,004	524
寝屋川市	-8,953	-3,261	-5,692	-845	茨木市	3,580	1,394	2,186	1,009
大東市	-3,865	-1,414	-2,451	-201	摂津市	1,318	394	924	-377
門真市	-5,028	-2,574	-2,454	-871	島本町	933	3	930	135
四條畷市	-843	-558	-285	144					
交野市	-423	-608	185	557					

出所：総務省統計局「住民基本台帳人口移動報告」各年版をもとに筆者作成。

同じか、わずかに下回っています。

　本書で議論している淀川左岸に当たる北河内地域と右岸に当たる三島地域では対照的な傾向を示します（表2）。人口について北河内地域は116万人、三島地域は112万人とほぼ同じ規模です。しかし、社会増については北河内地域は1.1万人の転出超過、三島地域は1.2万人の転入超過であり、それに伴って北河内地域の自然増減は1.5万人減、三島地域は0.06万人増になっています。北河内地域では大阪市中心部と距離の近い守口市は社会増が継続していますが、交野市がわずかに社会増であるものの、それ以外の市は社会減が続いています。第11章で説明されたように淀川が京都から大阪に流れ込み、水運で古くから栄えたのが両地域で、大阪への交通アクセスにおいて有利な地域ですが、交通網がより発達している北摂地域において大規模マンションの供給が盛んになった結果と考えられます。

　しかし、近年、北河内地域においても枚方市、四条畷市、交野市では19歳以下で転入超過の傾向が続くようになっています。この年代は単独での移動ではなく家族と一緒に転居しているものが大半と考えられます。また、当該地域において親世代に当たる30代から40代前半も19歳以下ほど明確ではありませんが、転入超過継続の兆しが見られます。枚方市、四条畷市、交野市は北摂地域に比べると地価が安く、新設住宅着工戸数は大阪府内で上位で推移しています。子供を伴う家族での転居先として選ばれることが増えているものの、20代、30代で就職・転職をきっかけに転出する者が上回るので社会減から脱することができないでいると考えられます。

4 都心回帰時代の住み続けられるまちづくり

　淀川流域を含む大阪府の人口動向は高度経済成長期以来長く続いたトレンドから大きく変化しようとしていますが、その要因は若年層・女性就業者を中心とした地域間人口移動・都心回帰という現象が深く関わっていることがわかってきました。では、SDGs の目標 5（ジェンダー平等を実現しよう）と目標 11（住み続けられるまちづくりを）に関連して個々の市町村が持続的に発展していくためにはどうすればいいのか考えてみましょう。

　2014 年に日本創生会議が消滅可能性都市について衝撃的な報告を行い、それに応じて 2015 年に国が地方創生政策を開始したため、市町村は人口ビジョンを策定して自らの地域の人口維持に注力するようになってきました。ここまで見てきたように地域人口を維持し、社会増から自然増へつなげていくためには 20 代、30 代の若年就業者や女性就業者が地域に流入し、その人たちを地域につなぎとめることが必要になってきます。そこで行われたことはいわゆる「子育て世帯」誘致であり、そのための方策として子供医療費の無料化の拡大、保育サービスの拡充が競って行われるようになりました。自治体間で子育て世帯争奪戦が激化するという状況になったわけですが、自治体の中には子供の急増によって学校施設に余裕がなくなったり、医療費の増大といった弊害も生じています。子育て世帯への優遇策が功を奏して転入が増える自治体がある一方で、隣接する自治体は人口流出に悩まされるというような争奪戦には懸念する声も少なくありません。しかし、自治体において現実的な子育てのしやすさをどのように提供すればよいか模索されるようになったことの意義と効果は大きいといえます。

　もう 1 つの視点は都市や地域が経済的に無理なく維持できるサイズとはどのようなものかということです。高度経済成長に伴う都市圏への人口集中によって1960 年代後半には住宅数の不足が顕著になってきたため、首都圏や近畿圏では都心部から離れた郊外へ居住地が拡大していきました。また、地方圏においても1990 年代には郊外に大規模ショッピングモールが出現するようになりますが、それは快適な消費空間を提供するものの、自家用車を使用しなければ享受するこ

とができません。このように都市圏においても地方圏においても郊外は拡大し続けてきたのですが、21世紀に入って人口減少社会に転じたことでそれを維持することができなくなってきたのです。

そこでコンパクトシティという考え方が注目されるようになってきました。これは自治体の中で①中心拠点と結ばれたいくつかの拠点を形成する、②公共交通の利用率を高める、③時間をかけて居住地の集約化を進めていく、などというものです。日本では21世紀に入ってコンパクトシティを地域政策に掲げる自治体が現れるようになり、国も自治体を後押しする政策を進めています。大阪府の市町村は他の都道府県と比べると人口密度が高く、市街地が大きく拡散しているというわけではありません。それでもいくつかの拠点を形成し、それらを結びつけ公共交通によるネットワークを拡充していくことは多くの人々にとって暮らしやすい環境を提供することでしょう。

都心回帰は通勤通学の費用削減や消費、余暇、医療など都心の利便性の高さに導かれて生じたものと思われます。そのような点で都心に近い地域は人口を集めやすい条件にありますが、個人によって居住地に求める条件は多様であり、都心から離れた地域においても住宅の取得しやすさ、環境の良好さなど多くの利点があります。都心回帰というトレンドのなかでそれぞれの地域が住民にとって暮らし続けられる条件とは何か模索する時代に来ているということができます。

（朝田康禎）

参考文献

天野馨南子「東京一極集中の「本当の姿」（上）（下）」ニッセイ基礎研究所、2020年

荒木秀之「関西の2019年の人口移動」りそな総合研究所、2020年

佐野浩「大阪府における人口減少と都心回帰」大阪産業経済リサーチセンター、2017年

第 13 章

産業連関表からみる淀川3市の違い
——枚方市・寝屋川市・門真市の経済と産業

Key Word

産業連関表、経済構造、産業特徴、広域連携、産学連携

SDGs の目標　　目標 8（働きがいも経済成長も）
　　　　　　　　　目標 9（産業と技術革新の基盤をつくろう）

STEP1　どんな課題があるの？

地域経済を取り巻く環境は大きく変わりつつあります。少子高齢化による労働人口の減少、技術革新による産業構造の変化などを背景に、地域経済を支えてきた産業活動が低迷しています。地域の特性を活かした産業振興政策を実施しなければ、地域経済は規模縮小の悪循環に陥り、地域産業はより一層衰退していくことが予想されます。

STEP2　SDGs の視点

目標 8（働きがいも経済成長も）：すべての人々にとって、持続的でだれも排除しない持続可能な経済成長、完全かつ生産的な雇用、働きがいのある人間らしい仕事（ディーセント・ワーク）を促進する。
〈ターゲット 8.2〉高付加価値セクターや労働集約型セクターに重点を置くことなどにより、多様化や技術向上、イノベーションを通じて、より高いレベルの経済生産性を達成する。

目標 9（産業と技術革新の基盤をつくろう）：レジリエントなインフラを構築し、だれもが参画できる持続可能な産業化の促進し、イノベーションを推進する。
〈ターゲット 9.5〉2030 年までに、開発途上国をはじめとするすべての国々で科学研究を強化し、産業セクターの技術能力を向上させる。そのために、イノベーションを促進し、100 万人当たりの研究開発従事者の数を大幅に増やし、官民による研究開発費を増加する。

STEP3　めざす社会の姿

市町村の産業連関表の作成などによる地域経済の見える化、自治体を超えた広域連携による地域間産業ネットワークの形成、産学連携活動によるイノベーションの創出などは地域経済の持続可能な発展につながります。

近年、少子高齢化による労働人口の減少、第四次産業革命による産業構造の転換、技術進歩によるグローバル化の加速などを背景に、地域経済を取り巻く環境は厳しさが増しています。SDGs の中でも、地域経済と深い関わりを持つ目標が数多く掲げられています。例えば、目標 8（働きがいも経済成長も）には、地域の住民が働きがいのある人間らしい仕事に就けることは、地域経済の成長にとって重要であることが強調されています。また、目標 9（産業と技術革新の基盤をつくろう）は、研究開発によるイノベーション（技術革新）の促進は、地域産業の発展の原動力であるとの認識に基づくものです。今後、地域の持続可能な経済発展を実現するためには、イノベーションによる質の高い雇用と高付加価値産業の創出が不可欠です。さらに、経済データをもとに、地域経済の実態に応じた経済・産業政策の実施も求められています。

　本章では、淀川流域に位置する枚方市、寝屋川市、門真市の経済と産業について比較分析を行い、地域経済の持続可能な発展に対する提言を行います。まず、地域経済分析に用いる産業連関表のしくみを紹介します。次に、産業連関表のデータを用いて、枚方市、寝屋川市、門真市の経済構造と産業特徴を明らかにします。最後に、持続可能な地域経済の実現に向けて、淀川流域における自治体が取り組むべき政策について述べます。

1　産業連関表とは

　近年、地域経済を分析する有力なツールとして産業連関分析は注目を浴びています。産業連関分析は 1973 年にノーベル経済学賞を受賞したレオンチェフ（W. W. Leontief）が開発した産業連関表に基づいて行われます。産業連関表とは、ある国や地域における各産業が一定期間（1 年間）にどれだけの原材料や労働力を投入して財・サービスをどれだけ生産し、また、生産された財・サービスがどのように販売されたかについて、行列の形で一覧表にとりまとめたものです。例えば、ある地域に新しい工場を建設する場合は、建物を作るためにコンクリートや鉄骨などの建設資材が必要となります。また、それに応じてコンクリートの原材料「セメント」、鉄骨の原材料「鉄鋼」などの原材料の生産も不可欠となります。すな

表 1　2 産業部門の産業連関表（取引基本表）

供給＼需要		中間需要		最終需要	地域内生産額
		農業	工業	消費・投資	
中間投入	農業	20 億円	70 億円	10 億円	100 億円
	工業	20 億円	20 億円	60 億円	100 億円
粗付加価値		60 億円	10 億円		
地域内生産額		100 億円	100 億円		

出所：筆者作成。

　わち、工場の建設という新しい需要が発生すると、建設業だけではなく、その関連産業にも生産の波及効果が広がっていきます。このように、ある産業活動は他の産業との間で緊密な関係を持ち、互いに影響し合って営まれています。地域産業連関表は、地域における産業間の取引構造や経済活動の状況を見える化し、地域の経済構造・産業特徴などをデータで把握することができます。

　ここではわかりやすくするために、地域外との輸出入や移出入を考えずに農業部門と工業部門しか持たない地域の産業連関表を例として説明します。表 1 は 2 産業部門の産業連関表（取引基本表）を示しています。この取引基本表から、経済の供給（売り手）構造と需要（買い手）構造などを読み取ることができます。まず、この表を縦に見ると、ある財・サービスが何を使ってどのようにして生産されたかがわかります。例えば、表からわかるように、農産物を生産するためには原材料等として農業、工業からそれぞれ 20 億円の「中間投入」が必要となっています。また、生産活動によって新たに生み出された雇用者所得（賃金）や営業余剰（企業の利潤）などの合計を「粗付加価値」といいます。表 1 から、農業の粗付加価値は 60 億円であり、農業の地域内生産額（中間投入と粗付加価値の合計額）は 100 億円となっています。

　次に、取引基本表を横に見ると、生産された財・サービスがどこでどれだけ販売されたかが確認できます。例えば、農業の地域内生産額 100 億円のうち、原材料として農業に 20 億円、工業に 70 億円とそれぞれ販売されています。この部分は各産業への中間財（原材料など）として使用されるため、中間需要と呼ばれます。そして、農産物は中間財として加工されることなく、そのまま家計や企業に最終

財として販売される部分を最終需要といいます。表1から、10億円の農産物が最終需要として消費・投資されていることがわかります。このように、産業連関表は同じ経済活動を生産と需要の両面から捉えることができます。

2 産業連関表からみた 枚方市、寝屋川市、門真市の経済構造と産業特徴

枚方市、寝屋川市、門真市の概況

　枚方市は淀川左岸に位置する人口約40万人、面積65km^{2}の地方都市であり、平成26年4月1日に特例市から中核市になりました。市内には、6つの大学（大阪歯科大学、関西医科大学、関西外国語大学、摂南大学、大阪国際大学、大阪工業大学）が存在し、各分野で個性豊かな教育・研究活動が展開されています。また、平成11年度に枚方市は「学園都市ひらかた推進協議会」を設立し、各大学と協力して市のまちづくりに意欲的に取り組んでいます。さらに、市の企業誘致戦略によって、枚方企業団地、枚方家具団地、津田サイエンスヒルズなど製造業を中心とした7つの企業団地が形成されています。

　寝屋川市は淀川左岸に位置する人口約23万人、面積24km^{2}の地方都市であり、平成31年4月に中核市に移行しました。寝屋川市は大阪都市圏のベッドタウンとして発展し、河川や公園などの自然に囲まれた暮らしやすいまちとして知られています。市内には摂南大学、大阪電気通信大学、大阪府立工業高等専門学校が立地し、学生による地域貢献活動は多岐にわたって行われています。また、寝屋川市は産業振興センターを設立し、ものづくり産業の高付加価値化を支援しています。市内には、輸送用機械器具やプラスチック製品など独自の技術を持つ製造業が集積しています。

　門真市は淀川左岸流域に跨る「北河内地域」の一角を占める人口約12万人、面積12km^{2}の地方都市です。門真市は、古くから穀倉地帯で、河内蓮根が特産物としてよく知られていました。その後、経済の発展に伴う住宅地の建設により、農村地域から工業都市へ発展してきました。門真市は、世界的な家電メーカー松下電器（現：パナソニック）株式会社の本拠地として栄えてきた企業城下町です。

1970 年代からテレビ、オーディオなど AV 関連製品の下請け工場が集積していましたが、現在、電気機械器具製造、情報通信機械器具製造などの国内でも高いシェアを有する大手メーカーは市内に立地し、門真市の経済発展に大きく貢献しています。近年、産業構造の変化やパナソニックの事業拠点の移転などに伴い、ものづくり産業の縮小による地域経済の地盤沈下が進んでいます。

枚方市、寝屋川市、門真市の経済構造と産業特徴の比較

　本項では、平成 23 年枚方市産業連関表（以下「枚方表」）、平成 23 年寝屋川市産業連関表（以下「寝屋表」）と平成 23 年門真市産業連関表（以下「門真市表」）を用いて、3 市の経済構造と産業特徴を比較します。

　表 2 は枚方市、寝屋川市、門真市の経済規模を示しています。産業連関表から推計した市内生産額は、枚方市が 1 兆 7,324 億円、寝屋川市が 8,259 億円、門真市が 1 兆 345 億円となっています。門真市の人口は枚方市と寝屋川市に比べて少ないものの、生産額が比較的に大きいという特徴がみられます。また、枚方市、寝屋川市、門真市の市内生産額は、それぞれ平成 23 年大阪府内生産額（64 兆 6,766 億円）の 2.7%、1.3%、1.6% を占めています。一方、粗付加価値額は、枚方市が 8,931 億円、寝屋川市が 4,590 億円、門真市が 4,951 億円となっています。門真市の粗付加価値は寝屋川市より 361 億円多く、枚方市より 3,980 億円少なくなっています。最後に、粗付加価値を市内生産額で割った粗付加価値率をみると、寝屋川市は 55.6% で一番高く、枚方市は 52.8%、門真市は 47.9% の順となっています。

　表 3 は、枚方市、寝屋川市、門真市の産業構成を示しています。枚方市の産業

表2　枚方市、寝屋川市、門真市における経済規模の比較

	枚方市	寝屋川市	門真市
市内生産額	1 兆 7,324 億円	8,259 億円	1 兆 345 億円
府内の生産額に占める割合	2.70%	1.30%	1.60%
粗付加価値額	8,931 億円	4,590 億円	4,951 億円
粗付加価値率	52.80%	55.60%	47.90%
人口	約 40 万人	約 23 万人	約 12 万人

注：人口のデータは各市のウェブサイトから入手した。
出所：筆者作成。

表3　枚方市、寝屋川市、門真市の産業構成の比較

	枚方市	寝屋川市	門真市
第一次産業：農林水産業	0.13%	0.04%	0.02%
第二次産業：鉱業、製造業、建設業	46.10%	32.40%	52.10%
第三次産業：それ以外	53.80%	67.60%	47.90%

出所：筆者作成。

表4　枚方市、寝屋川市、門真市の産業別構成の比較

	枚方市		寝屋川市		門真市	
順位	産業分類	構成比	産業分類	構成比	産業分類	構成比
1	生産用機械	22.50%	医療・福祉	11.70%	情報・通信機器	19.80%
2	医療・福祉	12.00%	不動産	9.30%	対事業所サービス	7.90%
3	対個人サービス	6.40%	運輸・郵便	8.80%	パルプ・紙・木製品	7.50%
4	不動産	5.60%	対個人サービス	8.00%	運輸・郵便	7.30%
5	対事業所サービス	5.60%	商業	7.20%	不動産	5.50%

出所：筆者作成。

構成をみると、最も大きな割合を占めているのは第三次産業であり、その構成比率は53.8%となっています。次に大きな割合を占める第二次産業の構成比率は46.1%となり、第一次産業の構成比率は0.13%となっています。寝屋川市では、最も大きな割合を占める第三次産業の構成比率は67.6%、次に大きな割合を占める第二次産業の構成比率は32.4%、第一次産業の構成比率は0.04%となっています。門真市では、最も大きな割合を占める第二次産業の構成比率は52.1%、次に大きな割合を占める第三次産業の構成比率は47.9%、第一次産業の構成比率は0.02%となっています。3市の産業構造を比較すると、第一次産業の構成比率が共通して小さく、第二次産業の構成比率は門真市が一番高く、第三次産業の構成比率は寝屋川市が一番高いという特徴が確認できます。

　表4は、枚方市、寝屋川市、門真市における生産額が上位5位までの産業とその構成比をまとめたものです。枚方市をみると、生産用機械、医療・福祉、対個人サービス、不動産、対事業所サービスが高い割合を有していることがわかります。特に生産用機械の割合（22.5%）がほかの産業に比べ突出して大きいことは、枚方市の産業特徴といえます。寝屋川市における生産額が上位5位の産業は、医療・福祉、不動産、運輸・郵便、対個人サービス、商業となっています。医療・

表 5　枚方市、寝屋川市、門真市の産業別特化係数の比較

順位	枚方市		寝屋川市		門真市	
	産業分類	特化係数	産業分類	特化係数	産業分類	特化係数
1	生産用機械	12.61	輸送機械	4.72	情報・通信機器	50.27
2	業務用機械	2.19	プラスチック・ゴム	3.36	パルプ・紙・木製品	8.15
3	飲食料品	1.99	パルプ・紙・木製品	2.45	電子部品	5.38
4	水道	1.9	医療・福祉	1.72	電気機械	3.21
5	医療・福祉	1.76	教育・研究	1.67	はん用機械	2.35

出所：筆者作成。

福祉の割合（11.7%）が一番大きくなっていますが、他の産業と比べてとりわけ高くありません。そして、サービス業の割合が比較的に大きいことが寝屋川市の産業特徴といえます。門真市では、情報・通信機器、対事業所サービス、パルプ・紙・木製品、運輸・郵便、不動産が高い構成比を持つ産業です。特に情報・通信機器の生産額が大きく、市内生産額の約 2 割（19.8%）を占めていることは門真市の産業特徴といえます。3 市における生産額が上位 5 位の産業を比較すると、門真市と枚方市は製造業の割合が大きく、寝屋川市はサービス業の割合が大きいという特徴がみられます。

　表 5 は枚方市、寝屋川市、門真市における特化係数が高い産業の上位 5 位までを示しています。特化係数が 1 より大きい産業は、府内生産額の産業別構成比と比べて当該産業の市内生産額に占める割合が大きいことを意味し、競争力を持つ産業といえます。枚方市の特化係数をみると、生産用機械（12.61）などの製造業の特化係数が高く、これらの産業の集積度が高いことを示唆しています。寝屋川市では、輸送機械（4.72）、プラスチック・ゴム（3.36）、パルプ・紙・木製品（2.45）は特化係数が 2 を超え、強みを持つ産業です。門真市では、情報・通信機器は特化係数が 50.27 と突出して高く、強い競争力を有する産業です。枚方市と寝屋川市では生産用・業務用・輸送用などの機械産業の特化係数が高く、門真市では情報・通信・電気などの機器産業の特化係数が高いという特徴がみられます。これらの産業は、稼ぐ力を持つ基盤産業として、地域経済を牽引する役割を果たしています。

3 持続可能な地域経済をどのようにして実現するのか？

地域経済の見える化による持続可能な地域経済の実現

　まず、持続可能な地域経済の実現には、地域経済の見える化を図ることが肝要となります。地域経済の見える化とは、地域の経済・産業の実態を数値で明らかにし、データに基づく地域経済の状況を把握することです。地域経済の見える化には、1次の統計データのみならず、1次の統計データをもとに市町民経済計算や地域産業連関表などの作成も有効な方法です。特に、地域産業連関表は、地域の経済・産業に関するデータが数多く含まれ、地域の経済構造や産業特徴などを定量的に分析できます。今後、淀川流域における持続可能な経済成長を実現するには、産業連関表の作成などによる地域経済の見える化が非常に重要です。

自治体を超えた広域連携による持続可能な地域経済の実現

　地域経済が抱えているさまざまな課題を解決することこそが、地域経済の持続可能な成長や地域住民の雇用促進に繋がります。単独の市町村では解決が困難な課題に対して、近隣市町村との広域連携を進め、広域経済圏の視点で取り組むことが重要です。産業連関表を用いた比較分析の結果から、同じ淀川流域に位置する枚方市、寝屋川市、門真市における産業特徴の違いが浮き彫りになっています。特に、産業別特化係数の比較から、枚方市は生産用機械、寝屋川市は輸送機械、門真市は情報・通信機器が、それぞれの市における競争力を持つ産業であることが明らかになりました。今後、持続可能な地域経済の実現には、このような産業特徴を活かした地域間産業ネットワークの構築、広域経済圏の視点からの産業振興政策の実施が求められます。

産学連携を通じたイノベーション創出による持続可能な地域経済の実現

　5G（第5世帯移動通信システム）、IoT（モノのインターネット）、AI（人工知能）など新たな技術が急速に進む中、イノベーションの創出が持続可能な経済発展には不可欠です。そして、さらなるイノベーションを創出するには、異なった立場

の技術者・研究者が知識等の情報交換を行う産学連携活動が重要です。産業連関表を用いた比較分析から、枚方市と寝屋川市では医療・福祉の生産額の構成比が大きいという特徴がみられます。今後、医療・福祉のような労働集約型サービス産業の 1 人当たり付加価値（労働生産性）を向上するには、これらの産業における大学や研究機関との産学連携関係を構築し、共同研究開発や人材育成などを通じた新たなイノベーションの創出が必要です。労働集約のサービス業のみならず、資本集約の製造業も技術移転や知的財産活用などの産学連携も欠かせません。こうした地域に蓄積している知識やアイデアなどの資源を地域の共有資産として最大限に活用できる産学連携を通じたイノベーション創出は、持続可能な地域経済の実現のカギになります。（郭進）

参考文献

郭 進「寝屋川市産業連関表の作成」『摂南経済研究』第1巻、第1・2号、13-33頁、2018年

郭 進「枚方市産業連関表の作成と地域経済構造分析」『摂南大学地域総合研究所報』第4号、28-52頁、2019年

郭 進「門真市産業連関表の作成及び門真市、枚方市と寝屋川市の経済構造の比較」『摂南大学地域総合研究所報』第5号、107-126頁、2020年

第 14 章

淀川流域の魅力を発信するには
どうすればよいか？

住民が主役の広報戦略

Key Word

シティプロモーション、シビックプライド、ブランドメッセージ、パブリック・リレーションズ、
住民自治、協働

SDGs の目標　　目標 11（住み続けられるまちづくりを）
　　　　　　　　　目標 17（パートナーシップで目標を達成しよう）

STEP1　どんな課題があるの？

今、全国の自治体が人口減少や少子高齢化の問題について悩みを抱えています。もちろん、淀川流域の自治体も例外ではありません。多くの自治体では、知名度の向上や定住者の増加を目指し、地域の魅力を発掘・発信する取り組みを進めています。

STEP2　SDGs の視点

目標 11（住み続けられるまちづくりを）：都市と人間の居住地を包摂的、安全、強靱かつ持続可能にする。
〈ターゲット 11.3〉2030 年までに、包摂的かつ持続可能な都市化を促進し、全ての国々の参加型、包摂的かつ持続可能な人間居住計画・管理の能力を強化する。

目標 17（パートナーシップで目標を達成しよう）：持続可能な開発のための実施手段を強化し、グローバル・パートナーシップを活性化する。
〈ターゲット 17.17〉さまざまなパートナーシップの経験や資源戦略を基にした、効果的な公的、官民、市民社会のパートナーシップを奨励・推進する。

STEP3　めざす社会の姿

地域の魅力を発掘・発信することで、地域に愛着を持ち、地域課題に主体的に取り組む人が増えることが期待できます。このような人々と、自治体、地域コミュニティ、NPO、企業などが協働することで、持続可能な地域運営を行うことができると考えられます。

1 「シティプロモーション」が流行している

　「シティプロモーション」という言葉を知っていますか？シティプロモーションとは、一言でいうと、地域の魅力を発掘・発信する取り組みのことです。今、全国の多くの自治体がシティプロモーションに取り組んでいます。「自治体名＋シティプロモーション」で検索してみると、多くの自治体がさまざまなシティプロモーションの取り組みを行っていることがわかるでしょう。

何のために地域の魅力を発信するのか？

　シティプロモーションは一般的に、地域資源を発掘・発信することによって、知名度の向上や定住者の増加を目指したものと理解されています。しかし、シティプロモーションには単に地域を売り込むという以上の意味があると考える専門家もいます。

　シティプロモーション論の第一人者である河井孝仁氏は、シティプロモーションを「地域（まち）に真剣（マジ）になる人を増やすしくみ」と表現し、「知名度向上も、定住人口増加も、地域（まち）に真剣（マジ）になるしくみの一部であり、成果である」と述べています（河井孝仁『シティプロモーションでまちを変える』彩流社、2016年、9頁）。

　「地域（まち）に真剣（マジ）になる人」とはどんな人のことなのでしょうか。河井氏は次のように述べています。「市民が顧客ではなく主権者であるということが意味を持つ。主権者であるということは、いいかえれば地域（まち）に関わる、地域（まち）をつくる当事者だということになる」（河井 2016、16頁）。

　つまり、シティプロモーションの真の目的は、その地域の主権者であり、まちづくりの当事者である人を増やすことだというのです。そして、知名度向上や定住人口の増加はシティプロモーションの目的そのものではなく、主権者や当事者を増やすための取り組みの一部であり、その取り組みの結果として得られるものでもあるということです。

　この「主権者」や「当事者」とはどのような人だといえるでしょうか。河井氏

は「顧客ではなく」と表現しています。顧客とはお客さんのことです。ただその地域に住んでいて、税金を納める代わりにサービスを受けるというだけであれば、その住民は「お客さん」です。もしも税金が高くなったり、サービス水準が落ちたりしたら、携帯電話会社を変えるように、「お客さん」である住民は他の地域に引っ越してしまうかもしれません。主権者や当事者というのは、地域が抱える課題に対して、自分の問題として主体的に取り組むことができる人です。このように主権者や当事者と呼ぶべき人たちによって主体的に地域が運営されることを「住民自治」といいます。

　もちろん、一人でできることには限界があるので、地域コミュニティで取り組んだり、時には NPO のようなグループを作ったり、あるいは自治体や企業と協力する必要もあるでしょう。このように、「異なる主体が同じ目的を共有し、対等の立場で協力しあうこと」を協働といいます。SDGs の目標 17 に登場する「パートナーシップ」も同じ意味で捉えることができます。

「シティプロモーション」と広報・PR

　シティプロモーションは、自治体広報の一環として行われることが多いようです。あるいは、「シティプロモーションとは地域の魅力を PR することだ」という理解も一般的です。ところで、この「広報」と「PR」という言葉は同じ意味でしょうか？そもそも、「PR」とは何の略語でしょうか？案外、説明することが難しいのではないでしょうか。

　PR は、パブリック・リレーションズという言葉の略語です。何となく、「PR＝アピール、宣伝、プロモーション」といった捉え方をしがちですが、パブリック・リレーションズとは「組織が人々（パブリック）との間に良好な信頼関係（リレーションズ）を構築するための営み」を意味する言葉です。組織と個人だけでなく、個人と個人についても同じですが、信頼関係を作るのに、自分の言いたいことだけを一方的に伝えていては上手くいきません。どちらかといえば、相手の言い分に耳を傾けることの方がより重要かもしれません。パブリック・リレーションズにおいても、伝えること（狭い意味での広報）と、聴くこと（広聴）とが一体となって行われる必要があります。なお、「広報」という言葉はそもそも、パブリッ

ク・リレーションズの訳語として用いられたものです。ですから、じつは「広報」という言葉の中にはじつは聴くこと（広聴）も含まれているのです（広い意味での広報）。

　以上のような視点からシティプロモーションを捉えつつ、淀川流域でのシティプロモーションについて考えていきましょう。

2 淀川流域ではどのような魅力の発信が行われているのか？

　淀川流域ではどのような形でシティプロモーションの取り組みが行われているでしょうか。ここでは、淀川左岸地域に位置し、摂南大学のキャンパスがある寝屋川市と枚方市をまず取り上げます。続いて、淀川右岸地域に位置し、人口規模が両市に近い茨木市と高槻市を取り上げてみたいと思います。

　比較の視点として、どのような部署がシティプロモーションを担当しているのか。目的は何か。どのようなブランドメッセージを掲げているか。具体的な取り組みとして、特設サイト、パンフレット、動画、協働、その他の取り組みに分けて紹介します。ブランドメッセージとは、地域の魅力や将来像を一言で言い表すキャッチフレーズのことです。

「意外と！？すごい！寝屋川市」

　まず、寝屋川市を取り上げます。寝屋川市では、経営企画部企画三課がシティプロモーションを担当しています。『寝屋川市シティプロモーション戦略基本方針』には、シティプロモーションの目的が２つ掲げられています。１つは、「市民やこれから市民になる人たちが、寝屋川市に愛着と誇りをもって、将来にわたって幸せに生活できる（活動できる）こと」です。もう１つは、「寝屋川市が、魅力あるまちとして、将来にわたって持続的に発展していくこと」です（寝屋川市『寝屋川市シティプロモーション戦略基本方針』、9頁）。

　寝屋川市ではこれらの目的のもと、「意外と！？すごい！寝屋川市」をブランドメッセージとしています。定住促進サイトの名前も、『意外と！？すごい！寝屋川市』です。また、「ワガヤネヤガワ」というロゴマークも作られていて、こ

ちらは定住促進パンフレットの「ワガヤノクラシネヤガワシ〜プロローグ」という名前の中に使われています。動画を使ったプロモーションとしては、「市に伝わる民話『鉢かづき姫』をモチーフにしたバンド『ハチカヅキーズバンド』の楽曲にあわせて、市の意外と！？すごい！ところを、早口言葉（タンツイスター）で紹介する」という動画が「タンツイスターズでいってみよう！」というタイトルで公開されています（寝屋川市「寝屋川市プロモーション動画」https://www.city.neyagawa.osaka.jp/organization_list/keieikikaku/kikakusanka/cirypromotion/promotion_movie/pr_movie.html）。この他、2018 年には動画コンテスト「NIS ショートムービーアワード」が開催され、市民や大学生などがプロモーション動画を作成する機会が設けられました。協働に関しては、『基本方針』の中で「協働人口」の増加を目指すということが明記されています。協働人口とは「市内外を問わず、寝屋川市や寝屋川市民に対して思い（関心・共感）を寄せ、市民や行政と共に寝屋川市のために活動する人口」と定義されています（寝屋川市『寝屋川市シティプロモーション戦略基本方針』、11-14 頁）。その他の取り組みとしては、桜のライトアップや桜をモチーフにしたスイーツの商品化、桜の植樹などを行う「サクラ☆プロジェクト」が実施されています。

「マイカタちゃいます、枚方です。」

次に、枚方市を取り上げます。枚方市では、市長公室広報プロモーション課がシティプロモーションを担当しています。枚方市はシティプロモーションに関する計画や方針を策定していませんが、ウェブサイトにシティプロモーションの目標が掲載されています。そこでは、「シティプロモーションの推進は、市内の方には本市に対する愛着や、自らも市を構成しているひとりであるということに誇りを持つ、いわゆる『シビックプライド』を醸成するための、本市の魅力の向上への取り組みと、市外の方には、枚方市の知名度の向上を目指す取り組みを、マーケティングに基づくターゲット設定により、戦略的、効果的に実施することで、本市の最重要課題である定住促進、人口誘導による人口減対策へ寄与させることを基本目標とします」という考えが示されています（枚方市「枚方市のシティプロモーション」https://www.city.hirakata.osaka.jp/0000018235.html）。

枚方市のブランドメッセージは「マイカタちゃいます、枚方です。」というものです。2018 年には、枚方市の名前が正しく読めるかを調べる「マイカタちゃいます、」全国調査が行われ、全国「マイカタちゃいます、」分布図が作られました。定住促進サイトの名前も「住んでくれるなら、マイカタでもいい」となっていて、あえて誤読の「マイカタ」が使われています。「5 分で読める、枚方の魅力」をコンセプトにした枚方市 PR 冊子「のぞき見！ HIRAKATA 2020」も作られています。動画を使ったプロモーションとしては、地域の魅力を紹介する 10 本の「シティプロモーションムービー」のほか、職員が地域の魅力を伝える動画や、市内にある牧野高校の生徒が制作した PR 動画も公開されています。協働については、枚方のことが好きな人なら誰でも登録でき、SNS で「＃ひらぴー」のハッシュタグを使った発信や、ひらかたプロデューサーズミーティングへの参加など

表 1　淀川左岸地域（寝屋川市・枚方市）におけるシティプロモーション

	寝屋川市	枚方市
人口	22 万 8,200 人	39 万 7,008 人
面積	24.70km²	65.12 km²
担当部署	経営企画部企画三課	市長公室広報プロモーション課
目的	①市民やこれから市民になる人たちが、寝屋川市に愛着と誇りをもって、将来にわたって幸せに生活できる（活動できる）こと ②寝屋川市が、魅力あるまちとして、将来にわたって持続的に発展していくこと	①「シビックプライド」を醸成するための、市の魅力の向上 ②市の知名度の向上を目指す →市の最重要課題である定住促進、人口誘導による人口減対策へ寄与させること
ブランドメッセージ	・「意外と！？すごい！寝屋川市」 ・「ワガヤネヤガワ」	・「マイカタちゃいます、枚方です。」
特設サイト	・定住促進サイト「意外と！？すごい！寝屋川市」	・定住促進サイト「住んでくれるなら、マイカタでもいい」
パンフレット	・定住促進パンフレット「ワガヤノクラシネヤガワシ～プロローグ」	・枚方市 PR 冊子「のぞき見！ HIRAKATA 2020」
動画	・プロモーション動画「タンツイスターズでいってみよう！」 ・動画コンテスト「NIS ショートムービーアワード」	・シティプロモーションムービー ・「ええとこです！職員が考える枚方の魅力」 ・「牧高生が制作！枚方市 PR 動画」
協働	・基本方針において「協働人口」の増加を目指す	・「ひらかたプロデューサーズ」
その他の取り組み	・「サクラ☆プロジェクト」	・全国「マイカタちゃいます、」分布図

出所：大阪府『毎月推計人口』（2021 年 2 月 1 日現在）、国土地理院『全国都道府県市区町村別面積調』（2021 年 1 月 1 日現在）、『寝屋川市シティプロモーション戦略基本方針』、寝屋川市ウェブサイト（https://www.city.neyagawa.osaka.jp/）、枚方市ウェブサイト（https://www.city.hirakata.osaka.jp/）をもとに筆者作成。

の活動を行う「ひらかたプロデューサーズ」という取り組みが行われています（表
1）。

「次なる茨木へ。」

　続いて、茨木市を取り上げます。茨木市では企画財政部まち魅力発信課がシ
ティプロモーションを担当しています。『茨木市シティプロモーション基本方針』
では目的として、「茨木の魅力を市内外に効果的・戦略的に発信することによって、
茨木の良さを認識・再認識し、『市内外の方が茨木をもっと好きになり、茨木と
の関わりをもっと増やし、茨木をもっと、ずっと元気にすること』」が掲げられ
ています（茨木市『茨木市シティプロモーション基本方針』、2頁）。

　茨木市のブランドメッセージは「次なる茨木へ。」です。特設サイト「茨木三
昧〜茨木で暮らす、茨木で遊ぶ〜」は、定住促進だけでなく、遊びに行く場所と
しての魅力の発信も行っています。パンフレットとしては、市制施行70周年記
念魅力発信冊子「イバイチ！」、茨木ライフスタイルガイド「いばらき日和」な
どが作られています。動画を使ったプロモーションとしては、茨木市イメージムー
ビー「次なる茨木へ。」や茨木市 PR ムービー「教育のまち茨木」のほか、梅花
女子大学の学生が制作した茨木市 PR 動画も公開されています。協働の取り組み
としては、市内在住・在勤・在学の人が Facebook で魅力発信を行う「茨木まち
みレポーター」があります。また、「次なる茨木へ。」のブランドメッセージ自体
が住民参加のプロセスを経て作成されたものです。その他の取り組みとしては、
Instagram を用いたフォトコンテストである「イバスタグラム」などがあります。

「MY LIFE, MORE LIFE.」

　最後に、高槻市を取り上げます。高槻市では街にぎわい部観光シティセールス
課がシティプロモーションを担当しています。高槻市はシティプロモーションに
関する計画や方針を策定しておらず、ウェブサイトにもシティプロモーションの
目的は掲載されていません。そこで、より上位の計画である『第2期高槻市まち・
ひと・しごと創生総合戦略』を参照してみることにします。そこでは、基本目標
1として「住みたい・住み続けたい定住魅力のあるまちをつくる」を掲げ、「都

表 2　淀川右岸地域（茨木市・高槻市）におけるシティプロモーション

	茨木市	高槻市
人口	28 万 3,864 人	34 万 7,581 人
面積	76.49km²	105.29km²
担当部署	企画財政部まち魅力発信課	街にぎわい部観光シティセールス課
目的	茨木の魅力を市内外に効果的・戦略的に発信することによって、茨木の良さを認識・再認識し、市内外の方が茨木をもっと好きになり、茨木との関わりをもっと増やし、茨木をもっと、ずっと元気にすること	住みたい・住み続けたい定住魅力のあるまちをつくる ①都市機能・都市魅力の向上 ②産業の振興・雇用の創出 ③定住支援・情報発信
ブランドメッセージ	・「次なる茨木へ。」	・「MY LIFE, MORE LIFE.」
特設サイト	・特設サイト「茨木三昧〜茨木で暮らす、茨木で遊ぶ〜」	・定住促進サイト「たかつきウェルカムサイト MY LIFE, MORE LIFE.」 ・観光プロモーションサイト「BOTTO たかつき」
パンフレット	・市制施行 70 周年記念魅力発信冊子「イバイチ！」 ・茨木ライフスタイルガイド「いばらき日和」	・高槻市施策 PR ガイド「MY LIFE, MORE LIFE.」
動画	・茨木市イメージムービー「次なる茨木へ。」 ・茨木市ＰＲムービー「教育のまち茨木」 ・梅花女子大学茨木市 PR 動画	・特になし（総合戦略部広報室による公式 YouTube チャンネルあり）
協働	・「茨木まちみレポーター」 ・市民参加でブランドメッセージを作成	・特になし（『摂津峡周辺活性化プラン』の中に「地域住民の連携促進」あり）
その他の取り組み	・フォトコンテスト「イバスタグラム」	・『摂津峡周辺活性化プラン』

出所：大阪府「毎月推計人口」（2021 年 2 月 1 日現在）、国土地理院「全国都道府県市区町村別面積調」（2021 年 1 月 1 日現在）、『茨木市シティプロモーション基本方針』、茨木市ウェブサイト（https://www.city.ibaraki.osaka.jp/）、『第 2 期高槻市まち・ひと・しごと創生総合戦略』、高槻市ウェブサイト（http://www.city.takatsuki.osaka.jp/）をもとに筆者作成。

市機能・都市魅力の向上」「産業の振興・雇用の創出」「定住支援・情報発信」の 3 つの分野を挙げています。これが、高槻市におけるシティプロモーションの目的と考えてよいでしょう（高槻市『第 2 期高槻市まち・ひと・しごと創生総合戦略』、25 頁）。

　高槻市のブランドメッセージは、「MY LIFE, MORE LIFE.」です。このフレーズは定住促進サイト「たかつきウェルカムサイト MY LIFE, MORE LIFE.」や、高槻市施策 PR ガイド「MY LIFE, MORE LIFE.」にも使われています。その一方で、試行的に行われている観光プロモーションサイトの名前は「BOTTO たかつき」となっています。動画を使ったプロモーションについては、シティプロモーションとして行われているものはありませんが、総合戦略部広報室による公式

YouTubeチャンネルが解説されています。高槻市に関してはシティプロモーション全体に関わるような協働の取り組みは行われていませんが、「摂津峡周辺活性化プラン」の中で、「地域住民の連携促進」を目指すことが明記されています（高槻市『摂津峡周辺活性化プラン』、3頁）（表2）。

比べてみよう

ここまで淀川左岸地域と右岸地域から4つの市を取り上げてきました。今度は、これらの地域の共通点や違いについて比較をしてみましょう。

共通点としては、いずれの市も何らかのブランドメッセージを使っていることが挙げられます。しかし、左岸地域と右岸地域のブランドメッセージを比べてみると、やや違いがみられます。左岸地域に位置する寝屋川市は「意外と！？すごい！寝屋川市」、枚方市は「マイカタちゃいます、枚方です。」と、知名度の低さを逆手に取った形のブランドメッセージを採用しています。一方で、右岸地域に位置する茨木市は「次なる茨木へ。」、高槻市は「MY LIFE, MORE LIFE.」と、洗練された表現のブランドメッセージを採用しています。このように、左岸地域ではあえてマイナスイメージを出発点とすることで親しみを持ってもらうとともに、知名度の低さを払拭し、ブランドイメージや知名度の向上を目指しているといえるでしょう。これに対して右岸地域では、既にある程度確立しているブランドイメージをさらに洗練させることを目指しているといえます。

4つの市の違いとしては、担当部署の違いがあります。それぞれ異なる名前の部署がシティプロモーションを担当していますが、寝屋川市・枚方市・茨木市の担当部署は広報を主に担当する部署がシティプロモーションを実施しています。それに対して、高槻市は、広報を主に担当する部署は総合戦略部広報室です。シティプロモーションを担当する街にぎわい部観光シティセールス課とは部が違います。街にぎわい部は、産業振興や文化スポーツ振興などを担っている部署です。つまり、寝屋川市・枚方市・茨木市では広報活動の一環としてシティプロモーションを捉えているのに対して、高槻市では地域振興の一環としてシティプロモーションを捉えているといえます。

3 地域の魅力を発信することで課題は解決できるか？

住民は主役になれるか

　今回取り上げた淀川流域の4つの市では、それぞれに工夫をこらしながら個性的なシティプロモーションが展開されています。しかし、今後シティプロモーションによって「主権者」や「当事者」を増やすことを考えた場合には、さらなる工夫が必要となってくるでしょう。今はまだ、知名度の向上や定住人口の増加がシティプロモーションの中心になっており、「主権者」や「当事者」を増やすことが中心にはなっていないと考えられるからです。

　また、協働の取り組みも一部みられるものの、現時点では自治体主導で行われている段階にとどまっています。今後、住民が主体的に動き、時には自治体に対して働きかけていくような協働の取り組みが出てくれば、「主権者」や「当事者」となった住民の活躍の場となるとともに、そうした住民をさらに増やしていくことにもつながっていくでしょう。

魅力の発信を課題解決につなげる

　そして、魅力の発信をするだけでなく、それを地域の課題解決という視点につなげていくことも必要です。河井氏は地域魅力創造サイクルにおいて、「個々の課題をブランドメッセージに沿って解決する課題解決サイドと、個々の魅力や施策をブランドメッセージに関連づけ改めて磨きあげる魅力増進サイド」（河井2016、70頁）が必要であると述べています。

　河井氏の「ブランドメッセージをもとにしたシティプロモーションにおける地域課題とは、設定したブランドメッセージを実現できないから、ブランドメッセージに背いているから課題なのである。この地域（まち）は、どのようにして地域（まち）に関わる人々を幸せにするのか、それを示したブランドメッセージに応えられていないから課題なのだ」（河井2016、71頁）という指摘は重要です。

　住民は、日々地域課題を実感しながら生活しています。たとえば、現状の子育て支援のあり方に対して不十分さを感じている住民がいるとして、その住民が「○

〇市は子育て支援が充実していて暮らしやすい」というプロモーションを目にした時、どのように感じるでしょうか。地域に愛着と誇りを持つことはできるでしょうか。住民との信頼関係の構築ということを念頭に置いたとき、魅力の発信を行う際には、同時に地域課題について住民の声に耳を傾け、課題について考えるための情報発信（これを「政策広報」や「問題提起型広報」といいます）を行っていくことが必要です。（増田知也）

参考文献

今川晃・牛山久仁彦（編著）『自治・分権と地域行政』芦書房、2021年

河井孝仁『シティプロモーションでまちを変える』彩流社、2016年

増田知也「住民自治と自治体広報——シティプロモーションから問題提起型広報へ」『摂南法学』第54号、2018年、31-46頁

第 15 章

大阪湾はお魚よりも
プラスチックごみのほうが多いって本当？

3つの R

Key Word

海洋プラスチックごみ、3R、循環型社会、プラスチック資源循環戦略、容器包装リサイクル法、亀岡市レジ袋提供禁止条例

SDGs の目標　　目標 14（海の豊かさを守ろう）
　　　　　　　　　　目標 12（つくる責任つかう責任）

STEP1　どんな課題があるの？

大阪湾の底には約 910 万枚のビニールごみが沈んでいると推定されており、その多くは淀川から流れ込んでいます。対策を講じなければ、大阪湾では明らかにお魚よりもプラスチックごみのほうが多くなり、漁業や海洋の生態系に深刻な被害をもたらすことが予想されます。

STEP2　SDGs の視点

目標 14（海の豊かさを守ろう）：持続可能な開発のために、海洋や海洋資源を保全し持続可能な形で利用する。
〈ターゲット 14.1〉2025 年までに、海洋堆積物や富栄養化を含め、特に陸上活動からの汚染による、あらゆる種類の海洋汚染を防ぎ大幅に減らす。

目標 12（つくる責任つかう責任）：持続可能な消費・生産形態を確実にする。
〈ターゲット 12.5〉2030 年までに、廃棄物の発生を、予防、削減（リデュース）、再生利用（リサイクル）や再利用（リユース）により大幅に減らす。

STEP3　めざす社会の姿

「使い捨て型社会」から「循環型社会」への転換が実現されます。循環型社会とは、まず、必要量・使用量を減らし（リデュース）、使う場合は何度も使えるように工夫し（リユース）、無理なら資源として再生して使用する（リサイクル）という「3R」を徹底します。そして、それ以外の方法がないものだけを最終処分（焼却・埋立）することにより、資源の消費を抑制し、環境への負荷をできる限り減らす社会のことを指します。

1 大阪湾はプラスチックごみで汚染されているの？

プラスチックの影響

プラスチックは、「安くて、軽くて、丈夫で長持ち」することから、20世紀最大の発明ともいわれています。日本においても戦後、急速に普及し、今や生活に欠かせないものです。プラスチックの多くは水より軽い性質をもつので、雨が降ると洗い流されて河川に流れ込み、やがて海にたどり着きます。その一部は紫外線にあたって劣化したり、波に砕かれたりして細分化されていきます。直径5mm以下のサイズになったものは、マイクロプラスチックと呼ばれます。

プラスチックごみは、引っかかったり絡まったりして海洋生物に害を与えることが知られています。マイクロプラスチックは有害物質を吸着しやすく、吸着した化学物質が生態系に悪影響（とりわけ食物連鎖による生物濃縮）を生じさせることが懸念されています（磯部篤彦「プラスチックごみへ挑戦する海洋科学」『化学と生物』58巻2号、2020年、105頁）。2016年1月、世界経済フォーラム（ダボス会議）は、プラスチックによる海洋汚染は地球規模で進んでおり、2050年までに海洋中のプラスチックの量が（重量ベースで）魚の量を上回るとの試算を公表しました。大阪湾も例外ではありません。

大阪湾の状況

関西広域連合が2018年11月に実施した調査によると、大阪湾の海底にはレジ袋約300万枚、ビニール片約610万枚が沈んでいると推計されています（関西広域連合「海ごみ発生源対策部会報告書参考資料」22頁）。大阪湾に流入するごみの量の実に85％が淀川に由来すると考えられています（関西広域連合「海ごみ発生源対策部会報告書（平成31年3月）」11頁）。

大阪商業大学の原田教授らが2013年3月〜14年10月にかけて、淀川の河口域に位置する海老江干潟で実施した調査では、食品の容器・包装類や飲料ペットボトルなど、プラスチックごみが大半を占めていたとのことです（原田禎夫「海ごみの発生源抑制対策としての河川の漂着ごみ対策の現状と課題」『水資源・環境研究』

28 巻 1 号、2015 年、45 頁）。このように、プラスチックごみは、淀川上流から下流、そして大阪湾へと流れ出ていることがわかります。ゆえに、沿岸域のみならず内陸を含めた流域圏一帯の広域的な発生抑制対策が必要となるのです。

2 淀川流域自治体の取り組み状況は？

大阪府

2019 年 6 月に開催された G20 大阪サミットでは、海洋プラスチックごみ（以下「海プラ」と略記）による追加的な汚染を 2050 年までにゼロにする「大阪ブルー・オーシャン・ビジョン」が各国首脳の間で共有されました。大阪府は、サミットの開催に先立つ 2019 年 1 月、大阪市と共同で、使い捨てプラスチックの削減、3R（リデュース、リユース、リサイクル）（後述）のさらなる推進、ポイ捨て防止などを盛り込んだ「おおさかプラスチックごみゼロ宣言」を行いました（図1）。

この宣言をふまえて大阪府は、①海岸漂着物や河川敷のごみの回収に加え、漁

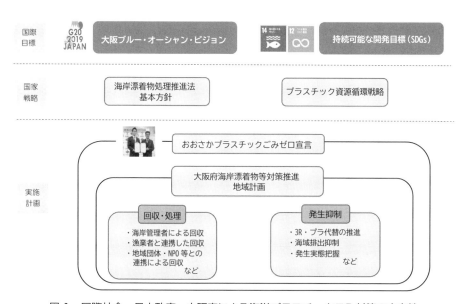

図 1　国際社会、日本政府、大阪府による海洋プラスチックごみ対策の方向性
出所：大阪府「大阪府海岸漂着物等対策推進地域計画（案）令和 3 年変更（平成 29 年 3 月策定）」
15 頁をもとに筆者作成。

業関係者などと連携し、浮遊ごみや海底ごみを回収すること、②プラスチックの発生抑制に関する啓発活動を行うこと、などを表明しました。マイボトルの普及による使い捨てプラスチック容器の使用削減を進めるため、2020年3月、「おおさかマイボトルパートナーズ」を立ち上げ、市町村、事業者などが連携し、マイボトルの啓発や給水スポットの設置の推進、情報発信などの取り組みを進めているのです（奥野博信「海洋プラスチックごみ問題とは？」『建築技術』852号、2020年、83頁）。

　現在、大阪府は、海プラに関する中長期的な対策として、「2030年度に大阪湾に流入するプラスチックごみの量を半減する」ことを目標とする「大阪府海岸漂着物等対策推進地域計画の変更」の策定に取り掛かっています。地域計画の変更は、国の法律である海岸漂着物推進処理法の改正（2018年6月）に伴い、漂流ごみ・海底ごみ、プラスチックごみ対策が追加されたことによるものです。

　変更後の地域計画の特徴は次のような点にあります。すなわち、図2にあるように、各段階で取り組みを推進すること、それだけでなく、海域へ流出したごみを回収するには多くの手間や費用がかかることから、陸域において、できる限り早い段階で散乱ごみの発生抑制や回収を行うことを重視する点です（大阪府「『大阪府海岸漂着物等対策推進地域計画』の変更（案）の概要」）。

　海プラを新たに生じさせないためには、まずはプラスチックごみを出さない取

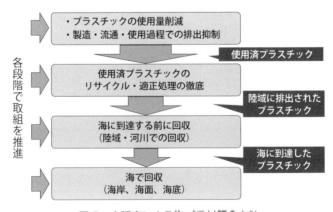

図2　大阪府による海プラ対策の方針
出所：大阪府「『大阪府海岸漂着物等対策推進地域計画』の変更(案)の概要」より転載。

り組みが求められます（図2最上段の囲みが該当）。こうした取り組みとして、すでに日本全国で2020年7月より、レジ袋の有料化が開始されました。

亀岡市

　現在、全国で注目を集めているのは、有料化よりさらに厳しい「レジ袋禁止」を打ち出した淀川流域の自治体です。それが京都府亀岡市です。同市は、大阪湾から淀川をおよそ70kmさかのぼった丹波地方に位置し、周囲を山に囲まれた盆地にあります。この亀岡盆地を貫くように流れているのが保津川です。保津川下りは、下流の嵐山とともに京都有数の観光地となっています。亀岡市では、2021年1月1日から「レジ袋提供禁止条例」が施行されました。

　この条例は、亀岡市内の全事業者（スーパーやコンビニだけでなくイベント時の屋台も含む）を対象に、プラスチック製レジ袋の提供が有償無償を問わず禁止されたのです。違反した事業者には立ち入り調査や是正勧告を行い、従わない場合には事業者名の公表など厳しい措置をとることもできます（詳細は、山内剛「亀岡市プラスチック製レジ袋の提供禁止に関する条例」『自治体法務研究』62号、2020年、24-26頁）。

3 日本ではプラスチックごみはどのように処分されているのだろう？

循環型社会

　プラスチックの処理方法については、2000年に制定された「循環型社会形成推進基本法」によって大枠が定められています。この法律では、循環型社会を、社会の物質循環を確保するために、「天然資源の消費を抑制し、環境への負荷ができる限り低減される社会」と定義しています。この実現に向け、①発生抑制（Reduce: リデュース）、②再使用（Reuse: リユース）、③再生利用（Recycle: リサイクル）、④熱回収（サーマルリサイクル）、⑤適正処分、という優先順位を定めています（図3）。①〜③は、環境と経済が両立した循環型社会を形成していくための3つの取り組みの頭文字をとったもので、「3R」（スリーアール）と呼ばれます。

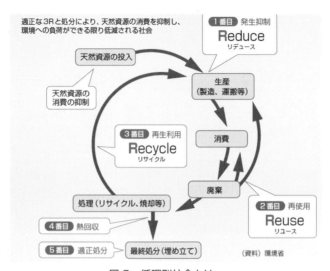

図3　循環型社会とは
出所：久喜市ウェブサイトより転載。

家庭系プラスチックごみの排出から廃棄後までの流れ

　内陸部の河川から流れ出た海プラの多くは、本来、回収やリサイクルの対象となっているプラスチック製の容器包装類であることが指摘されています。それも家庭から排出されたものが多くを占めていると推測されます。海プラを減らすためには、繰り返しになりますが、可能な限り発生源に近いところでの回収が重要になります（原田禎夫「市民と連携した内陸部からの海ごみの発生抑制に向けた取組み」『用水と廃水』60巻1号、2018年、73頁）。

　では、こうした家庭系のプラスチック製容器包装類の分別・回収について、誰がどのような責任を担っているのでしょうか。まず、プラスチック製容器包装類は、法律上「廃棄物」に分類されます。廃棄物は一般廃棄物と産業廃棄物に分けられます。一般廃棄物は、家庭、飲食店、事務所などから出る廃棄物のことで、産業廃棄物は、工場など事業活動から排出される廃棄物のことです。一般廃棄物はさらに、家庭から排出される廃棄物（家庭系ごみ）と、事業者が排出する産業廃棄物以外の廃棄物（事業系ごみ）に分けられます。

　家庭系ごみは、資源、可燃ごみ、不燃ごみのいずれかに分別されます。具体的

な分別ルールは、各自治体（市町村）によって異なっています。一般に資源に分類されるのは、マークのついたプラスチック製容器包装、白色トレイ、レジ袋、マークのついたペットボトルなどです。それ以外の廃プラスチックは可燃ごみに分別されることが多いようです（一般財団法人プラスチック循環利用協会ウェブサイト「プラスチックとリサイクルの 8 つの『？』」）。

これらのマークは、プラスチックごみの分別収集をしやすくするためのもので、「容器包装リサイクル法」（容リ法）の対象であることを示しています。容リ法は、家庭ごみのうち高い割合を占める容器包装のリサイクルを制度化し、ごみの減量と資源の有効利用を図ることを定めた法律です。容リ法は、消費者・自治体（市町村）・事業者にそれぞれ次のような役割や責任を課しています。すなわち、自治体には家庭から排出される容器包装廃棄物の分別収集を行うこと、消費者には自治体の定める分別に協力すること、事業者には収集されたモノをリサイクルすること、です。

容リ法が制定されるまでは、家庭ごみの処理・処分については全面的に市町村が担っていて、膨大な費用がかかっていました。容リ法の施行により、従来市町村が行っていた容器包装廃棄物の処理の責任のうち、リサイクルの部分を事業者の責任とするかたちで、「拡大生産者責任」（製造業者や輸入業者といった生産者が、自ら生産する製品について、生産・消費段階だけでなく、使用後廃棄物となった後まで一定の責任を負うとする考え方）が導入されたのです。しかし、容リ法は、生産者が負う拡大生産者責任の範囲が狭いなど、さまざまな問題を抱えています（大塚直『環境法 Basic』有斐閣、2013 年、291-293 頁）。

プラスチックごみの処理・処分の方法

自治体によって資源として収集されたプラスチックごみは、どのような方法で処理・処分されるのでしょうか。プラスチックのリサイクル方法は主に次の 2 つです。プラスチックの状態に戻し新しい製品の原料にする「マテリアルリサイクル」と、化学的に処理してプラスチック以前の原料にまで戻す「ケミカルリサイクル」です。2017 年の統計によると、日本では、プラスチックごみ総排出量 903 万トンのうち、マテリアルリサイクルに回ったのは全体の 23％、ケミカルリサ

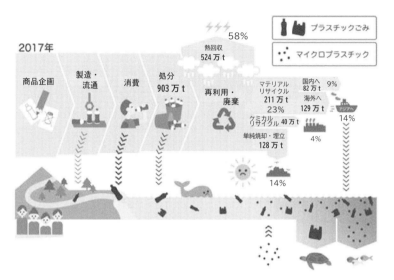

図4　日本におけるプラスチックの処理方法（2017年）

注：日本のプラごみの最大の輸出先であった中国は、2018年以降、リサイクルに伴う環境汚染を危惧して輸入を全面的に禁止したことから、上記図中の「マテリアルリサイクル」の海外流出割合は、現在では、かなり低くなっており、その分、国内の割合が高くなっている。

出所：笹川平和財団海洋政策研究所（OPRI）2019および一般社団法人プラスチック循環利用協会「2017年プラスチック製品の生産・廃棄・再資源化・処理処分の状況」2018年、2-5頁をもとに筆者作成。

イクルは4％しかありません。単に燃やしてしまうものが8％、埋立が6％、残りの58％は廃棄物を燃やす時に発生する熱を有効利用する方法（熱回収）がとられています（図4）。

　要するに、日本で発生するプラスチックごみの66％は焼却されていることになります。プラスチックはそのほとんどが石油起源なので、燃やせば地球温暖化の原因となる二酸化炭素（CO_2）の発生源になってしまいます。日本では、熱回収を「サーマルリサイクル」と呼んで有効利用に位置づけていますが、ヨーロッパでは、CO_2の排出増加の要因となることから、リサイクルとはみなされていません。ただし、マテリアルリサイクルとケミカルリサイクルにもそれぞれ、エネルギー消費（CO_2排出量）やコストの面で課題があるので、いちがいに熱回収をわるもの扱いにするわけにはいきません（鈴木良典「海洋プラスチック汚染の現状と対策」『レファレンス』829号、2020年、14頁）。

　海プラは、主に、まちのなかのごみが風や雨により河川へと集まり、やがて川

から海へと流れ出し、回収が困難になることで発生します。ですから、この問題は、河川流域に住む人たちにも大きく関係してきます。まさに、「使い捨て型の社会」から「循環型社会」への転換の発想が求められているのです。海プラ対策には、リユースやリサイクルももちろん重要なのですが、発生を抑制する「リデュース」が鍵を握ります。リデュースの実現には、代替素材の開発や、特に海や川のごみの多くを占める飲料用のペットボトルへのデポジット制度の導入、レジ袋の有料化・提供禁止、プラスチックストローなどの使い捨てプラ製品の使用禁止などが効果的です。

日本の法政策の動向

日本政府が 2019 年 5 月に策定した「プラスチック資源循環戦略」では、2030年までに使い捨てプラスチック製容器包装を累積 25％排出抑制することを目標とするなど、リデュースの推進が強調されています。プラスチックをリデュースするための最もわかりやすい方法は使わないことですが、ほかにも方法があります。使い捨てカップを例にとると、軽量化する、紙製に切り替えるといった方法があります。また、先の戦略でも示されているように、「再生可能資源への代替（Renewable）」も効果的です。戦略において、2030 年までにバイオマスプラスチック（原料として植物などの再生可能な有機資源を使用するプラスチック素材）を約200 万トン導入することが目標とされたのはその 1 つの表れといえます。

また政府は、プラスチックごみの削減やリサイクル促進を強化するため、新法を制定する方針を固め、2021 年 6 月、「プラスチックに係る資源循環の促進等に関する法律」（プラスチック資源循環促進法）が制定されました。この法律では、製品の設計から廃棄・処理までの各段階で、プラスチック資源循環の取り組み（3R+Renewable）を促進することを目的としています。この法律は、海プラ問題の実効的な対処策の 1 つとなるのではと期待されています。

4 海プラ問題と SDGs はどのように関係するの？

海は世界とつながり、波間に漂うプラごみに国境はありません。そのため、海

プラ問題は今や地球規模の環境問題として認識されるようになっています。海プラ問題はSDGsの目標14（海の豊かさを守ろう）の冒頭の〈ターゲット14.1〉で取り上げられました。海プラ問題の解決に有効なものとして他にも〈ターゲット12.5〉3Rの推進と、〈ターゲット9.4〉そのための資源利用効率の向上とクリーンで環境に配慮した技術の導入、〈ターゲット7a〉再生可能エネルギーへの転換、〈ターゲット12.3〉サプライチェーンにおける食品ロスの削減などが挙げられます。こうしてリサイクル技術の開発や効率化、省資源化が進めば、気候変動対策（目標13）に加え、持続可能なまちづくり（目標11）、産業化（目標9）、経済成長・雇用機会の創出（目標8）が期待できます。このように、海プラ問題に取り組むことは、17の目標を分野横断的にアプローチすることにほかならないのです。

　しかし、難しいのは、SDGsの目標のうち1つを達成しようとすると、他の目標の達成が遠のく場合があることです。たとえば、プラスチックを、石油を原料とするものから植物由来のバイオマス資源に切り替えることは、持続可能なまちづくりを目指す目標11や気候変動対策を訴える目標13を達成する手段として明らかに有効です。では、次のような場合はどうでしょうか。ある企業は、環境に配慮した製品の製造（持続可能な生産形態を目指す目標12の達成）を売りにするために、バイオマスプラスチックに切り替えることを表明したとします。ところが、その反面、原料となるトウモロコシの増産のために広大な森林を切り拓くといった場合です。これでは、森林破壊を食い止める目標15や、耕作地を転用すれば場合によっては食料生産の安定を目指す目標2に反するだけでなく、気候変動対策を求める目標13にさえも反することになりかねません。そうならないようにするためには、特定の目標だけでなく、17の目標の全体に目を配り、可能な限り経済・環境・社会の3つの側面のバランスがとれる手段を選択する必要があるのです。（鳥谷部壌）

〔付記〕本章は、公益財団法人　旭硝子財団2020～2021年度サステイナブルな未来への研究助成「共有水資源の持続的利用のための国際法理論の再構築」および日本学術振興会科研費若手研究（課題番号：20K13336）の成果の一部であります。

参考文献

高田秀重（監修）『プラスチックの現実と未来へのアイデア』東京書籍、2019年

磯部篤彦『海洋プラスチックごみ問題の真実』化学同人、2020年

鶴田順「海のプラスチックごみ問題」『国際問題』第693号、2020年

あとがき——淀川水系から世界へ

本書誕生のきっかけ

本書は、地域の視点から SDGs について考えるテキストとして作られました。SDGs に関する本はたくさん出ていますが、地域の目線で書かれた本は、まだ多くはありません。

本書の多くの章は、摂南大学の全学研究プロジェクトとして、2017 年度から 3 年間継続した「淀川水系に関する総合的研究——多様性に基づく発展ダイナミズムの探求」（研究代表：後藤和子）が基になっています。この研究は、淀川水系が、生物多様性とともに、多様な経済や文化を育んできたことに着目し、研究の視点から、地域の政策立案に貢献することを目指して行われました。

摂南大学は、京都から大阪に向かう京阪鉄道の沿線にある寝屋川市内、淀川に面した位置にあります。日本書紀に記され、日本最古の堤防といわれる茨田堤^{まんだのつつみ}は、大学のすぐ近くにあります。そのため、それぞれの研究者が、環境保全や防災（理系）、文化財の研究（文系）、地域調査（経済・経営）などで、淀川流域に関わってきました。今回の総合的研究は、こうした個別の研究や実践の積み重ねに立脚し、全学的な連携の下で行われました。具体的には、理工学部、外国語学部、法学部、経済学部、経営学部、薬学部、看護学部、そして農学部に所属するメンバーの共同研究となりました。

研究プロジェクトでは、水系の源流域である朽木や、十石舟・三十石舟が復活した伏見を歩き、また、年末の寒い時期に三川合流地点から八軒家浜（天満橋）まで船で淀川を下るなどのフィールドワークを行いました。伏見では、伏見城築城とともに整備された濠川、琵琶湖疎水と濠川をつなぐ伏見インクラインや墨染発電所等の近代化遺産を見学しました。実際に歩くことで、伏見が、濠川や宇治川派流がめぐる近世の町の履歴と、近代の町の履歴が混ざりあった都市組織の集積であることを理解しました（小林大祐　京都文教大学講師のガイドによる）。

同時に、経営史、経済史、建築史・都市史、地理学、環境政策など、異なる分

200

野の研究者にお越しいただきセミナーや研究会を開催して、多くのことを教えていただきました。

　テーマと講師は以下の通りです。

「大阪経済の歴史的眺望」　宮本又郎（大阪大学名誉教授）

「水都史から見たヴェネツィアと東京の比較論」陣内秀信（法政大学江戸東京研究センター特任教授）

「淀川流域における近代河川舟運の地域的変化——歴史 GIS の手法を用いて」飯塚隆藤（愛知大学地域政策学部准教授）

「水循環と生態系サービス——琵琶湖淀川流域の統合的管理の視点から」中村正久（滋賀大学・環境総合研究センター特別招聘教授）

「淀川水系がもつ経済的役割の歴史的変遷——ヨーロッパとの比較の視点から」奥西孝至（神戸大学教授）

「川から見たヴェネツィアと本土との結びつき——舟運、筏流し、水車活用産業、飲料水の視点から」陣内秀信（法政大学江戸東京研究センター特任教授）

「琵琶湖保全再生法成立の背景とその可能性——21 世紀における淀川水系の水政策と関わって」秋山道雄（滋賀県立大学名誉教授）

　こうした機会を通して、淀川水系にある地域が、古代・中世・近世・近代の諸相が重層的に積み重なってできていることを知りました。また、淀川流域にとって、環境、歴史・文化、経済の持続的な発展が喫緊の課題であり、特に、環境と経済の両立を図るためには、生態系サービスという概念が有用であることを学びました。セミナーや研究会にこられた先生方に心より御礼を申し上げます。

SDGs との出会い——文化を加えた SDGs

　この研究プロジェクトが、当初から、地域の政策立案に寄与したいという思いを持っていたことは、前に述べた通りです。摂南大学が立地する淀川左岸地域は、右岸地域に比べて高付加価値を生みだす産業・企業の集積が相対的に乏しく、人口減少や貧困問題など、地域課題を多く抱えています。まさに、SDGs の課題を

凝縮したようなエリアであるともいえます。こうした課題を解決するためには、現状を分析することが不可欠です。研究会では、政策立案の基礎となる地域所得や産業構造、人口移動、格差などについて経済学の手法で分析しました。その上で、どのように地域づくりやまちづくりを行うのか考えなければなりませんが、その際、地域の地形、歴史や文化を読み解き、それらを地域資源として、環境や文化の魅力を高めていくことが求められます。

大学での研究は、シーズ（種）ではありますが、社会との接点がないと開花しません。大学での研究を、わかりやすく伝え、実際に政策を考えるヒントにしてもらうためには、出版という形をとるのがよいのではないかと考え、出版社を探しました。そうしたなかで出会ったのが、昭和堂の編集者である越道京子氏でした。越道さんと相談するなかで、多くの方にわかりやすく伝えるためには、SDGsの視点と結びつけたらどうだろうかという話になりました。実際に、研究会の報告書等で、生態系サービスとSDGsは、しばしば登場した概念でもありました。

2021年1月には、『SDGs——危機の時代の羅針盤』（2020、岩波新書）の著者のお一人である稲場雅紀氏を講師として、オンラインで研究会を行いました。稲場氏は、2012年からNGOのメンバーとしてSDGs策定に関わり、2016年からは、政府の「SDGs推進円卓会議」の構成員として活躍しておられます。稲場氏は、SDGsの核心と全体像、日本政府の取り組みや問題点などについて、多岐にわたり大変明快に教えて下さいました。

その1つに、SDGsの17の目標を4つに分類するとわかりやすいと教えていただいたことが、挙げられます。17の目標は、大きく、「貧困」「経済」「環境」「平和／人権・協働」、つまり、あらゆる貧困をなくす（目標1〜6）、持続的な経済をつくる（目標7〜11）、環境を守り育てる（目標12〜15）、目標1〜15を実現するためのガバナンス（目標16〜17）に分類することができます。目標16と17は、SDGsを達成するための、平和な社会、司法へのアクセス、効率的で説明責任のある能力の高い公共機関の実現（目標16）、地球規模のパートナーシップ（目標17）から、構成されています。目標16と17は、注目度が高いとはいえないかもしれませんが、とても重要な目標です。

コロナ対策において成功している台湾やニュージーランド等の国々は、目標

16 の取り組みにおいても先進的であるという稲場氏の指摘は、とても興味深いものでした。確かに、ニュージーランドの首相は女性であり、新型コロナの感染状況や国としての対策について、国民に、毎日語りかけていました。能力が高く開かれた行政、参加型意思決定という目標 16 に合致しているようです。

　このようにして、SDGs についても勉強を重ねるなかで、私たちの研究が、SDGs の目標には存在しないが、社会、経済、環境の持続性を達成する上で欠かせない歴史・文化を含んでいることの意味も考えるようになりました。特に、地域から SDGs を考える場合には、特定の目標だけを達成するのではなく、全体を見渡しながら、持続可能なまちづくりを進める必要があります。まちづくりにとって、土木や工学などのハードだけでなく、コミュニティや文化などのソフトが必要なことはいうまでもありません。

　持続可能で魅力的なまちづくりを進めるためには、地域の成り立ちを、自然や地形も含めて把握し、その上に形成された都市を、歴史や文化の視点から読み解く必要があります。そうした分析があってはじめて、環境を改善するための具体的な政策立案ができます。また、魅力的なまちづくりには、地域にある古いもの（歴史）を別の視点から見直し、いかす工夫も欠かせません。第 6 章で述べたように、工場跡地を、現代アートの制作や鑑賞の場、あるいは美術館として活用している事例は、世界中にあります。

EU の大型研究プロジェクト URBINAT とのつながり

　EU においても、自然を基盤として社会問題の解決を目指す取り組みが盛んです。2018 年から 5 年間の EU 大型研究プロジェクトとして採択された URBINAT も、その 1 つです。URBINAT には、EU の 7 都市の大学と企業が参加し、摂南大学は、オブザーバーに位置づけられています。URBINAT の正式名称は、Healthy corridors as drivers of social housing neighbourhoods：for the co-creation of social, environment and marketable NBS（Nature-Based Solutions）です（Urbinat - Healthy corridors as drivers of social housing neighbourhoods for the co-creation of social, environmental and marketable NBS. を参照）。

　URBINAT は、自然を基盤として、社会包摂や都市の再生を通して、持続可

能な発展を目指しています。Healthy corridor とは、直訳すると健康的な回廊ですが、グリーンインフラだけでなく、生活の質を高める社会的・文化的インフラを含みます。このプロジェクトは、また、エネルギー、水、食料、自然、移動性（交通）、社会参加、行動変容、デジタル民主主義、社会包摂、連帯的（格差を拡大させない）経済、そして、これらが作り出す「生活の質」に焦点を当てています。こうした自然を基盤として社会、環境、市場の再創造を目指す URBINAT の考え方は、SDGs や私たちの共同研究とも共通する面を持っているように思われます。

　URBINAT の視点から見ると、日本の庭園は、NBS（自然を基盤とした解決）の良い事例です。例えば、京都・東山にある寺院の庭園を訪ねると、庭園の景色が、その背後の自然を借景として成り立っていることがわかります。また、多くの課題を抱えた工業都市の再生は、URBINAT の問題意識とも重なります。淀川左岸地域は、松下電器産業（現パナソニック）株式会社を中心に形成された工業都市という側面を持ち、情報化時代の今、その再生が課題となっています。

　URBINAT は、EU の７都市のケース・スタディを通して問題解決の手法を普遍化し、ブラジル、日本、オマーン、中国、イランなどの EU 以外の都市にも適用することを考えています。このように見ると、淀川流域の地域問題は、ローカルな地域問題であるだけでなく、世界共通の課題とつながっていることがわかります。

　最後に、私たちの研究を支えて下さった摂南大学と荻田喜代一学長及び研究支援・社会連携センター、〈2018 年度水系研究〉に助言を下さった以下の地域の方々（肩書は当時のもの）に御礼申し上げます。

　妹尾　直人（寝屋川市　経営企画部　都市プロモーション課　課長）

　田中　祐子（枚方市　総合政策部　企画課　課長）

　谷本　雅洋（北大阪商工会議所　理事・事務局長）

　中村　和寛（寝屋川市教育委員会事務局　学校教育部　教育政策総務課　係長・指導主事）

　矢島　義嗣（枚方市教育委員会　学校教育部　教育研修課　主幹）

　また、出版事情が厳しい中、出版をお引きうけくださった昭和堂と、本書が多くの読者にとって、より親しみやすいものになるよう有益な助言を下さった編集者の越道京子氏、大石泉氏にも厚く御礼を申し上げます。

2021 年 5 月 24 日

後藤和子

さくいん

レジ袋提供禁止条例　189, 193

わ行

輪中堤　74, 137
ワンド　30, 31

■編者紹介

後藤和子（ごとう　かずこ）

摂南大学経済学部教授。専門は文化経済学、財政学。京都大学理学部卒業、京都大学大学院経済学研究科博士課程修了、埼玉大学経済学部教授、エラスムス大学（オランダ）客員教授等を経て現職。文化経済学会〈日本〉会長、日本財政学会常任理事、Association for cultural economics international 理事、内閣官房知的財産戦略本部・検証・評価・企画委員会委員などを歴任。博士（経済学）。

主な著作に『芸術文化の公共政策』（勁草書房、1998年）、『文化と都市の公共政策』（有斐閣、2005年）、『クリエイティブ産業の経済学──契約、著作権、税制のインセンティブ設計』（有斐閣、2013年）、Sigrid Hemels and Kazuko Goto（eds.）*Tax incentives for the creative industries* (Springer, 2017)、『文化経済学──理論と実際を学ぶ』（共編著、有斐閣、2019年）など。

鳥谷部壌（とりやべ　じょう）

摂南大学法学部講師。専門は国際法、環境法。大阪大学大学院法学研究科博士課程修了。博士（法学）。大阪大学大学院法学研究科助教を経て現職。

主な著作に『国際水路の非航行的利用に関する基本原則──重大損害防止規則と衡平利用規則の関係再考』（大阪大学出版会、2019年）、「『持続可能な開発目標（SDGs）』の目標6と国際法──『安全な飲料水に対する人権』の形成が国際水路法に及ぼす影響」（『摂南法学』57、2020年）など。

■執筆者紹介（執筆順）

後藤和子（ごとう　かずこ）　　　　　　　　　はしがき、序章、第6章、あとがき
※編者紹介を参照。

石田裕子（いしだ　ゆうこ）　　　　　　　　　　　　　　　　第1章、第2章

摂南大学理工学部准教授。専門は河川生態学、生態環境学、応用生態工学。博士（工学）。

主な著作に「淀川流域連携活動の近年の動向──淀川左岸地域を中心として」（『摂南大学融合科学研究所論文集』3（1）、2017年）、『環境用水──その成立条件と持続可能性』（共著、技術堂出版、2012年）など。

手代木功基（てしろぎ　こうき）　　　　　　　　　　　　　　　第3章

摂南大学外国語学部講師。専門は地理学。博士（地域研究）。

主な著作に「滋賀県高島市朽木地域におけるトチノキ巨木林の立地環境」（『地理学評論』88（5）、2015年）、「トチノミ加工食品販売の地域的特徴──道の駅販売所に着目して」（『季刊地理学』68（2）、2016年）など。

鳥谷部壌（とりやべ　じょう）　　　　　　　　はしがき、第4章、第5章、第15章
※編者紹介を参照。

小林健治（こばやし　けんじ）　第7章、淀川水系資源MAP

摂南大学理工学部建築学科准教授。専門は建築計画、環境デザイン。博士（工学）。

主な作品に「パブリックスペースに入り込む小さなもの」（『建築と社会』101（1175）、2020年）、主な著作に日本建築学会編『まちの居場所——ささえる／まもる／そだてる／つなぐ』（共著、鹿島出版会、2019年）など。

加嶋章博（かしま　あきひろ）　第8章、コラム②、淀川水系資源MAP

摂南大学理工学部建築学科教授。専門は都市計画・形成史、スペイン都市史、都市・地域資源論。博士（学術）。

主な著作に布野修司編『世界都市史事典』（共著、昭和堂、2019年）、松原康介編『地中海を旅する62章——歴史と文化の都市探訪』（共著、明石書店、2019年）など。

赤澤春彦（あかざわ　はるひこ）　第9章

摂南大学外国語学部准教授。専門は歴史学、日本中世史。博士（史学）。

主な著作に『鎌倉期官人陰陽師の研究』（吉川弘文館、2011年）、『新陰陽道叢書 第二巻中世』（編著、名著出版、2021年）など。

中塚華奈（なかつか　かな）　第10章

摂南大学農学部准教授。専門は農業経済学。博士（農学）。

主な著作に「関西における環境保全型農業の取組と地域農業」（『農林業問題研究』46（2）、2015年）、「消費者との連携による都市農業の保全と課題——東大阪市のエコ農産物特産化とファームマイレージ運動」（『農林業問題研究』52（3）、2016年）など。

八木紀一郎（やぎ　きいちろう）　第11章

摂南大学名誉教授。専門は進化経済学、経済思想史、社会経済学。博士（経済学）。

主な著作に『社会経済学——資本主義を知る』（名古屋大学出版会、2006年）、『国境を越える市民社会 地域に根ざす市民社会』（桜井書店、2017年）など。

朝田康禎（あさだ　やすさだ）　第12章

摂南大学経済学部准教授。専門は観光経済学。博士（経済学）。

主な著作に「関西における最近の人口移動動向」（『摂南経済研究』9（1・2）、2019年）、『地域経済学入門〔第3版〕』（共著、有斐閣、2018年）など。

郭進（かく　しん）　第13章

摂南大学経済学部准教授。専門はマクロ経済学、経済統計学、応用計量経済学。博士（経済学）。

主な著作に Jin Guo, "Causal relationship between stock returns and real economic growth in the pre- and post-crisis period: evidence from China"（Applied Economics 47（1）, 2015）、「門真市産業連関表の作成及び門真市、枚方市と寝屋川市の経済構造の比較」（『摂南大学地域総合研究所報』5、2020年）など。

増田知也（ますだ　ともなり）　第14章

摂南大学法学部講師。専門は地方自治論。博士（政策科学）。

主な著作に『平成の大合併と財政効率——市町村の適正規模は存在するか？』（金壽堂出版、2017年）、「住民自治と自治体広報——シティプロモーションから問題提起型広報へ」（『摂南法学』54、2018年）など。

河原匡見（かわら　まさみ）　コラム①

摂南大学法学部教授。専門は国際関係学、政治外交史。行政学修士。

主な著作に「P 4（Trans-Pacific SEP）に関する一考察」（『摂南法学』45、2012年）、『日米欧の経済摩擦をめぐる政治過程（NIRA 研究叢書）』（共著、総合研究開発機構、1989年）など。

久保貞也（くぼ　さだや）　コラム③

摂南大学経営学部准教授。専門は経営情報学、経営工学、情報セキュリティ。博士（工学）。

主な著作に Sadaya Kubo, Tomohide Akebe, and Keiko Nakagawa, "IT Progress Stage and Management Level Growth in Local Governments: The Modeling of the Japanese Government Using Empirical Surveys" in Thanos Papadopoulos and Panagiotis Kanellis (eds.), *Public Sector Reform Using Information Technologies: Transforming Policy into Practice* (IGI Global, 2011)、中央職業能力開発協会編『ビジネス・キャリア検定試験標準テキスト　経営情報システム 2 級（情報化企画）』（監修、社会保険研究所、2021年）など。

SDGs で読み解く淀川流域
——近畿の水源から地球の未来を考えよう

2021 年 10 月 15 日　初版第 1 刷発行

編　者　後 藤 和 子
　　　　鳥 谷 部 壌

発 行 者　杉 田 啓 三

〒607-8494　京都市山科区日ノ岡堤谷町 3-1
発行所　株式会社 昭和堂
振替口座　01060-5-9347
TEL（075）502-7500／FAX（075）502-7501
ホームページ　http://www.showado-kyoto.jp

© 後藤・鳥谷部ほか 2021　　　　　　印刷　亜細亜印刷

ISBN978-4-8122-2102-0

＊乱丁・落丁本はお取り替えいたします。
Printed in Japan